中小学语文教材同步科普分级阅读

—— 七年级（上册） ——

生物工程趣谈

董仁威◎著

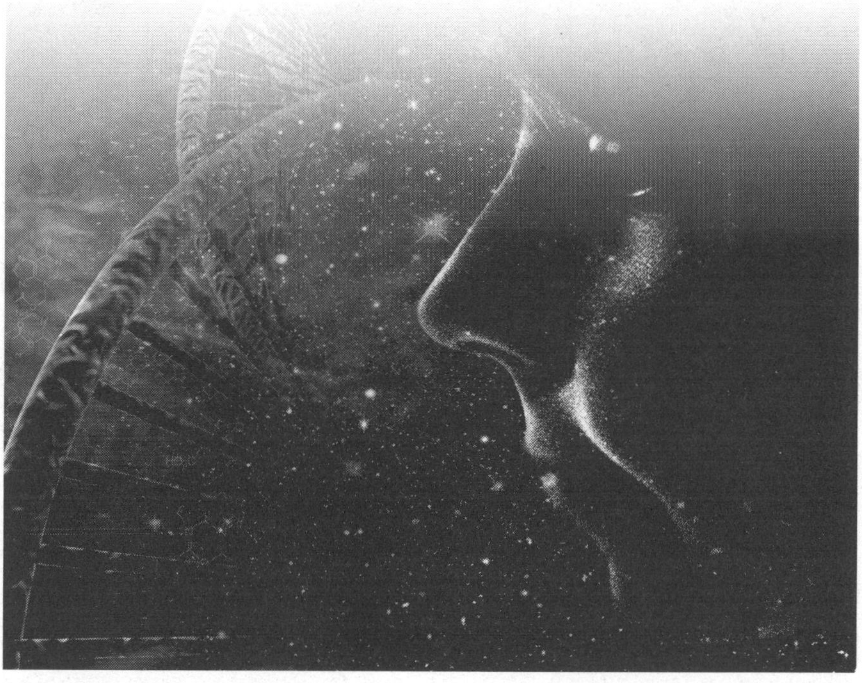

长江出版传媒 湖北科学技术出版社

图书在版编目（CIP）数据

生物工程趣谈 / 董仁威著. -- 武汉 ： 湖北科学技术出版社, 2021.6
（中小学语文教材同步科普分级阅读）
ISBN 978-7-5706-1431-8

Ⅰ. ①生… Ⅱ. ①董… Ⅲ. ①生物工程－青少年读物
Ⅳ. ①Q81-49

中国版本图书馆 CIP 数据核字(2021)第 062377 号

生物工程趣谈
SHENGWU GONGCHENG QUTAN

责任编辑：万冰怡　李雨点　　封面设计：胡　博

出版发行：湖北科学技术出版社　　电话：027-87679468
地　　址：武汉市雄楚大街 268 号　　邮编：430070
（湖北出版文化城 B 座 13-14 层）
网　　址：http：//www.hbstp.com.cn

印　　刷：湖北大合印务有限公司　　邮编：433000

700×1000　1/16　8.5 印张　112 千字
2021 年 6 月第 1 版　2021 年 6 月第 1 次印刷
定价：26.00 元

前　言

科技日新月异，科普阅读很潮

2018年6月7日，高考的第一天，很多人惊奇地发现刘慈欣的科幻小说《微纪元》出现在全国卷Ⅲ语文科目的阅读题中。科幻元素进入高考，其实并不新奇。高考语文全国卷曾把沙尘暴、温室效应、人工智能、科技黑箱、全球气候变暖等文本作为阅读材料，实用类文本曾考过徐光启、袁隆平、王选、谢希德、邓叔群、吴文俊、吴征镒、达尔文、玻尔等科学家传记。1999年高考作文题是“假如记忆可以移植”；2016年北京市中考语文试卷的作文题“请考生发挥想象，以‘奇妙的实验室’为题目，写一篇记叙文”，等等。中学语文考试开始注重引导学生培养科学精神，掌握科学方法，树立科学意识，增强学科学、爱科学、用科学的兴趣，用科学家献身科学事业的精神，激发学生探索科学奥秘的热情。

著名数学家华罗庚在谈到语文学习时说：“要打好基础，不管学文学理，都要学好语文。因为语文天生重要。不会说话，不会写文章，行之不远，存之不久……学理科的不学好语文，写出来的东西文理不通，枯燥无味，佶屈聱牙，让人难以看下去，这是不利于交流，不利于事业发展的。”无论是学习科学还是传播科学，都离不开语文。处于科技飞速发展年代的我们必须具备良好的语文素养。

阅读能力是语文素养的重要组成部分，而阅读的文本就包括科技学术论著、科幻小说、科学诗和科普读物等。2017 年版的《初中语文课程标准》对 7 ~ 9 年级学生的阅读要求中，特别提到"阅读科技作品，注意领会作品中所体现的科学精神和科学思想方法"，还提到课外阅读要推荐科普科幻读物。《普通高中语文课程标准》更是把"科普读物"作为"实用性阅读与交流"中知识读物类的学习内容，而且把"科学文化论著研习"作为 18 个学习任务群之一，要求"研习自然科学……论文、著作，旨在引导学生体会和把握科学文化论著表达的观点，提高阅读理解科学文化论著的能力"。为了落实语文课程标准的要求，语文教材非常重视选科普科幻、科学家传记及相关科技类作品作课文。如统编版初中语文教材，就有康拉德·劳伦兹《动物笑谈》，杨振宁《邓稼先》，杨利伟《太空一日》，刘慈欣《带上她的眼睛》，儒勒·凡尔纳《海底两万里》，法布尔《蝉》《昆虫记》，竺可桢《大自然的语言》，陶世龙《时间的脚印》，利奥波德《大雁归来》，丁肇中《应有格物致知精神》，王选《我一生中的重要选择》等篇目。选取或推荐阅读这些与科学有关的读物，意在让学生在学习语文的过程中，培育科学素养与科学态度，弘扬科学精神，养成从小学科学、爱科学的意识，增强学生的理性思辨能力、探究能力和创新能力。

所以，我强烈推荐中学生们阅读这一套《中小学语文教材同步科普分级阅读》。这套书选编自《中国科普大奖图书典藏书系》，此书系被叶永烈先生誉为"科普出版的文化长城"。按照对应年级语文教材的内容和对科普知识及阅读能力的要求，丛书编选委员会结合一线语文老师的经验，为读者做了合理的选择和安排。这不仅仅是因为教育教学的迫切要求，也是因为在科技日新月异的今天，刘慈欣《三体》的横空出世，2019 年电影《流浪地球》的热映，说明阅读科普读物越来越成为潮流。在文史哲类书籍之外，这些科普类书籍给了学生们一片新的让思想与所学自由驰骋的天地。

这套书内容一点儿都不枯燥。它不是生硬的知识灌输，而是科学家们与学生们在游戏中玩数学、物理、化学、生物和地理等，让学生们在富有生活情趣的情境和话题中上知天文下晓地理，答疑解惑，解密生活之谜，探索科学的奥秘。阅读过程中，你一定会不由自主地拿起笔，去排列计算，去模拟画像，去动手实验。甚至会迫不及待地把自己获得的新知识、被纠正的错误认识告诉身边的人。阅读之乐，莫不在此。更何况，科学家们把科学知识融入身边的故事，又用生动有趣的语言表述出来，让我们读起来如此轻松，如此自在。

我相信，你们读了这些书，一定会爱上它们，因为，无论内容、语言、结构，还是阅读过程，都会让你感受到新鲜，感受到新潮。希望你们能通过阅读，学习作者在篇章结构、语言表达、思想情感等方面展现出的技巧，并运用到日常的写作当中去。也可以尝试着进行科幻写作或是科普写作，并在实践中提升自己的阅读和写作能力。

让我们从你们这一代人中，发现更多未来可期的能深入浅出地传播科学知识的科普工作者。愿你们能为中国科技的发展、民族的振兴贡献一份力量。

吴洪涛　华中师范大学第一附属中学语文特级教师

目 录

生命“天书”

高手著“天书”

你从哪里来?

生命“天书”的妙用

克隆生物

人类的现在和未来

生命“天书”

我国古典长篇小说《水浒传》里有个关于“天书”的故事。故事中说，在梁山泊一百零八位好汉聚齐以后，寨主宋公明请入云龙公孙胜建一祈天用的虚皇坛，同一班道士一起，打醮祈祷，报答天地神明眷佑之恩。结果，天人感应，上天降下一部“天书”来，看：“是夜三更时分，只听得天上一声响，如裂帛相似，正是西北乾方天门上。众人看时，直竖金盘，两头尖，中间阔，既唤作天门开，又唤作天眼开。里面毫光射人眼目，霞彩缭绕，从中间卷出一块火来，如栲栳之形，直滚下虚皇坛来。那团火绕坛滚了一遭，竟钻入正南地下去了。此时天眼已合，众道士下坛来。宋江随即叫人用铁锹锄头掘开泥土，根寻火块。那地下掘不到三尺深浅，只见一个石碣，正面两侧，各有天书文字。”

故事中的栲栳，是我国民间一种形如畚箕一类用竹篾或柳条编的容器，有的栲栳就像科幻电影中神秘的天外来客乘坐的飞碟。这团如飞碟一般的火钻入地下变成了天书。天书上写的形如蝌蚪的密码无人能解，幸好有一道士家藏一密码字典，才得以破译“天书”。原来，那“天书”上载有一百零八将排座次的“天机”。这可喜煞了寨主宋江，他正为众头领排名孰前孰后烦恼不已，既有天意，照办就是，众头领亦无异议。

《水浒传》里关于天书的故事，带有神话色彩。我们在这里要讲的，也是一个关于“天书”的故事。不过，这部“天书”却并非神话里才有的东西，而是一部实实在在存在，藏身于生命体中的关于生命的伟大著作。为了寻找这部生命"天书"的下落,破译生命"天书",科学家们耗费了几百年的时间。

生命之歌

看一看我们的周围吧,生物世界在唱着何等动人心魄的生命之歌啊!

牛吃了草,草在身体内经过魔术般的变化以后,变成了营养丰富的牛肉和牛奶。妈妈吃了牛肉、牛奶及其他食物。这些食物竟在妈妈的肚子里变成了我们的眼睛、鼻子、心脏、肺及四肢等器官。你说奇怪不奇怪?

春天,燕子、大雁、椋鸟等候鸟一群群地从南方长途迁飞到北方出生地。迁飞时,野鸭每小时能飞 80 ~ 90 千米,燕子能飞 100 多千米,雨燕能飞 160 千米。在迁飞途中,它们常常有短时间的休息。但是,在过大洋或者大沙漠时,它们却能够连续不断地飞行,一刻也不停顿。它们飞行时能保持如此高的速度,具有如此惊人的耐力,有什么秘诀?

再看一看我们的植物世界吧。别以为植物不能说话不能动,可以任人宰割。人们发现,有的植物同动物一样,有着奇特的自卫本领。喜马拉雅山上长着一种眼镜草,长得活像一条昂头竖身、伺机而动的眼镜蛇。它的样子非常可怕,使动物误认为是毒蛇,不敢接近。拉丁美洲原始森林里,有一种叫大型马勃菌的植物,有 5 千克重。要是动物碰它一下,就像踩着地雷一样,它会"砰"的一声爆裂开来,冒出一股黑烟。烟味刺鼻,吓得动物再也不敢靠近。墨西哥有一种叫"运动健将"的树,长得像个大萝卜,颜色有黄有白,十分美丽。它能做有节奏的弯腰动作,时而弯下腰,把"头"伸到地里;时而又抬起头,直挺挺地。它靠这种动作防御敌人侵犯。

如果我们观察一下自己的器官,你一定会为自己各种器官的奇妙功能惊叹不已。人的眼睛机敏非凡,在晴朗无月的黑夜,可以看到 80 千米外的人擦火柴的亮光。人的心脏有节奏地跳动着,生命不息,跳动不已。如果你活到72岁，那么，你的心脏便已一秒不停顿地跳动了约37亿次。你的肺一刻不停地吸入大量新鲜空气，将废气排出体外，1分钟内，就要呼吸7.5升的空气。我们每一个人，一年要吃喝1吨左右的食物和饮料。我们的消化器官，将这些食物和饮料，去粗取精，变成我们的身体营养，为我们提供进行生命活动必需的能量，去参加劳动，攀登高山，在水中遨游，驾驶飞机在蓝天中飞翔。

在我们的生活中，还可以看到一种奇妙的现象：当我们的身体受伤以后，机体可以自行修复。一般的伤口，只要几天就会长好。假如你的手指被削掉了一块皮，新长出来的皮肤连指纹的形式都与原来的一模一样。而且，伤口长到一定程度就会自动停止生长，不会无限制地长得越来越大。人的骨头碎了能长还原，肝脏被切去一部分能再生。12岁以下的儿童，手指头在第一关节以上部位万一不幸被切断，不用动断指再植术，只要严格消毒后包上纱布，手指头就会再生出来，并与原来的几乎一模一样。这种自我修复的功能，在某些动物身上表现得更为突出。有人试验，将蝾螈的前肢切断以后，它能够在6个星期内，长出几乎与原来的前肢完全相同的腿。

在陈述了生命活动的这些妙不可言的现象以后，你也许会提出一些与生命之谜有关的问题：是谁赋予它们如此神奇的功能？在生命体内，是不是有某种神秘的力量，在操纵这些奇妙的变化呢？

观察与思考

实验题目：螳螂腿再生实验

你需要准备

（1）一只活的螳螂。

说明：螳螂，是一种常见的昆虫，在野外以捕食害虫为生。我国产螳螂，又称大刀螂，体长约6厘米，呈绿色或黄褐色。螳螂的头呈三角形，头上长有很大的复眼和细长的触角；胸部长有2对翅膀，3对足。螳螂的前胸细长，生有粗大如镰刀状的前足1对，其腿节和胫节生有钩状刺，用以捕食。可在野外林间、草丛中捕捉。

(2)一只透气的小笼子，可用有盖的小竹篮，在竹篮盖上打1个小洞。

(3)一些动物性食物。在菜地里挖一些蚯蚓，或用一点肉馅均可。

(4)甲醛（福尔马林）、酒精、棉球和碘酒。

(5)圆规、直尺、玻璃瓶。

实验步骤

(1)将螳螂1条腿在股节与转节之间折断，将折断的腿放入盛有甲醛的小瓶中保存。

(2)用酒精棉球或蘸碘酒的棉球搽伤口消毒。

(3)将断腿的螳螂关在笼子里，在小笼中用小碟盛一些水和一点动物性食物。动物性食物可是切成小段的蚯蚓，亦可是肉馅。早上上学前、晚上放学后将小碟取出，把剩下的水倒入卫生间洗手池内，把剩下的肉食倒入垃圾袋，洗净小碟，换上新鲜水和新鲜食物。

(4)在换水和食物时，观察螳螂断腿的再生情况，并逐日记录伤口愈合、长出新腿的时间、长短，新腿停止生长的时间。

(5)新腿停止生长后，用圆规比较其长短，在直尺上量有几厘米长，再从酒精瓶中取出断腿，与新腿比较长短。

观察题目：指纹观察

你需要准备

(1)一盒印泥或红蓝墨水。

(2)一张白纸。

(3)铅笔或钢笔。

(4)直尺。

观察步骤

(1)先在白纸上写好日期、姓名及爸爸、妈妈、自己的左右手指等，如下页表：

指纹观察记录(一) 年 月 日

爸爸的左手	大拇指	食指	中指	无名指	小指
盖指印					
辨明指纹属箩箩或畚箕					
爸爸的右手					
盖指印					
辨明指纹属箩箩或畚箕					
合计		10根手指中箩箩总数		10根手指中畚箕总数	

被观察人签名：

指纹观察记录(二) 年 月 日

妈妈的左手	大拇指	食指	中指	无名指	小指
盖指印					
辨明指纹属箩箩或畚箕					
妈妈的右手					
盖指印					
辨明指纹属箩箩或畚箕					
合计		10根手指中箩箩总数		10根手指中畚箕总数	

被观察人签名：

指纹观察记录(三) 年 月 日

自己的左手	大拇指	食指	中指	无名指	小指
盖指印					
辨明指纹属箩箩或畚箕					
自己的右手					
盖指印					
辨明指纹属箩箩或畚箕					
合计		10根手指中箩箩总数		10根手指中畚箕总数	

被观察人签名:

(2)请爸爸将10个指头依次蘸上印泥,在表上指定位置按上指印。

(3)请妈妈将10个指头依次蘸上印泥,在表上指定位置按上指印。

(4)将自己的10个指头依次蘸上印泥,在表上指定位置按上指印。

(5)观察比较爸爸妈妈和自己每个手指的指纹有几个是“箩箩”(又称斗,指纹像水中漩涡,呈同心圆或螺形),有几个是“畚箕”(类似农村的畚箕,指纹有一端开口),有没有弓形指纹(指纹像弓一样,汉族中,只有百分之一的人具有这种指纹)。在表上做好记录。

观察步骤

(1)你的十指指印中有几个“箩箩”,几个“畚箕”?

(2)你的指纹与爸爸的指纹比较,有何异同?

(3)你的指纹与妈妈的指纹比较,有何异同?

(4)根据指纹的情况,你有什么推测或猜想?

思考

人的指纹、手掌纹能否预测人生？

参考答案

（1）不能。算命先生从你10个手指指纹类型出发，判断你一生的命运，胡说什么：“一箩穷，二箩富，三箩四箩开当铺，五箩当媒婆，六箩当贼偷，七箩遭祸殃，八箩吃谷糠，九箩加一箕，不做吃到老。”是没有科学根据的。用指纹、手掌纹算命是一种封建迷信活动。

（2）不能，但可以从中看出你是否更像爸爸或更像妈妈，从爸爸或妈妈的人生中，间接地猜想自己的未来。

（3）也许可以，因为指纹和手掌纹透露出一些关于生命的信息。要是能准确地破译这些信息的意义，便能大体把握一个人在未来生命活动中大致的发展轨迹。

（4）能。因为指纹和手掌纹中蕴含的生命信息，是人体生命活动的客观规律。

（5）现在不能，将来能。目前，人体科学还未准确破译在人的指纹、手掌纹中蕴含的生命信息的意义，所以现在还不能科学地、准确地从一个人的指纹、手纹预测一个人的未来。但是，随着生命科学的发展，对人体从手掌纹、指纹及面相、脚纹等透露出的生命信息的破译，乃至对人体基因图谱上生命信息的破译，人必定可以预测自己的生老病死，并设法改变大自然安排的命运，如消除遗传性疾病的危害、延长寿命等。

遗传之谜

“种瓜得瓜，种豆得豆”，这似乎是理所当然的事。其实，这个现象中蕴含着自然界中最神秘的谜中之谜：遗传之谜。你想过没有，为什么只有种瓜才能得瓜，种豆才能得豆，而种金子却不能得金子？种瓜能否得豆？种豆能否得瓜?

你观察过蛋变成鸡的过程吗?打开新鲜的鸡蛋,除了胶汁状的蛋清和圆圆的蛋黄以外,一点也看不见鸡仔的影儿。鸡仔是怎样变出来的呢?有经验的养鸡者会告诉你,鸡仔是由鸡蛋里的一个小白点儿变出来的。如果鸡蛋里没有小白点儿,这种鸡蛋叫"寡蛋",是变不出鸡仔来的。但是,仔细地用肉眼观察这个小白点儿,仍然看不到小鸡仔的影子。而且,即便你用放大一千倍的显微镜,放大一百万倍的电子显微镜来观察这小白点儿,同样看不到小鸡仔的影子。那么,鸡蛋是在谁的指使下,经过什么样的程序变成鸡的呢?为什么缺了小白点儿的"寡蛋"变不成鸡呢?为什么鸡蛋只能变成鸡,而不能变成鸭呢?有办法使鸡蛋变成鸭吗?

你知道自己出世之前有些什么变化吗?你知道自己是怎样变成人的吗?如果把科学家观察的结果告诉你,你自己都会吓一跳的。原来,你最初在妈妈肚子里只是一个用显微镜才能观察到的小不点儿。这个小不点儿是一个细胞。在这个细胞里,不论你用现代多么先进的仪器,都看不到人的影儿。以后,这个细胞不断长大,分裂成许许多多的细胞。这个庞大的细胞群体开始像个什么东西了。像什么呢?最初,像生长在海水里的红珊瑚一类的腔肠动物。以后,又变得像海参一类的棘皮动物。再往后,相继变得像鲤鱼一类的鱼类动物,像青蛙一类的两栖动物,像乌龟一类的爬行动物,像兔子一类的哺乳动物。最后,才长出了像爸爸,或者像妈妈的眼睛、鼻子及五脏六腑和四肢等器官。为什么自己的鼻子、眼睛像爸爸或妈妈,而不像别人呢?是谁在主宰人的发育过程呢?

我们都有爸爸妈妈,是不是所有的生物都有爸爸妈妈呢?不。你看,从马铃薯、荸荠、洋葱的块茎上,切一块下来栽在地里,同样可以长出植株来。它们没有爸爸妈妈,照样繁衍后代。不少的花、草、树木,都可以不要爸爸妈妈,用枝条、叶片来繁衍子孙后代。为什么我们非要有爸爸妈妈才能出世,而它们却可以不必有爸爸妈妈就能出世呢?我们不要爸爸妈妈可以出世吗?

观察与思考

实验题目:没有爸爸妈妈的马铃薯繁殖试验

你需要准备

(1)一个马铃薯。

(2)一个花盆。

(3)一把小刀。

(4)一些沙土和水。

(5)一支钢笔。

实验步骤

(1)先观察马铃薯上芽眼分布情况,要分成3块,而每块上的芽眼数都差不多,应该怎样切?

(2)用钢笔在马铃薯表皮画出线。

(3)用小刀沿钢笔线切块。

(4)将沙土放在花盆中,并将3块切好的马铃薯,均匀地种在沙土中,芽眼朝上,盖上厚度5厘米左右的沙土,浇一些水,不可太湿。

(5)将花盆放在有阳光,通风的地方,并注意经常浇水。

(6)连续观察两周,在10~14天之间,植株出土。

(7)6个月后,将植物连根拔出,观察植物的根部有什么变化?

观察题目:鸡蛋观察

你需要准备

(1)一盏40瓦台灯。

(2)20枚新鲜鸡蛋(10枚红皮鸡蛋或花皮鸡蛋,10枚白皮鸡蛋)。

(3)一只小锅。

观察步骤

(1)将20枚妈妈新近买回的鸡蛋,拿到台灯旁边。

(2)打开台灯,将1枚鸡蛋握在手里,靠近灯泡,让光线透过鸡蛋,观察鸡蛋。

（3）先透过光观察10枚红皮或花皮鸡蛋，你会看到在蛋壳上有非常漂亮的明暗相间的花纹。蛋壳上有亮点的地方，说明透光好；暗的地方，说明透光不好。为什么有的地方透光好，有的地方透光不好？有无规律可循？

（4）再透过灯光观察10枚白皮鸡蛋，有的蛋里有一个暗点，而有的蛋里则没有。有暗点的蛋经过孵化就可能长出小鸡。

（5）将蛋里有暗点的和没有暗点的各取1枚，放在小锅里，再放些凉水，放到炉子上，水开后，再煮5分钟。

（6）将两个煮熟的蛋，小心地把皮剥掉，观察它们有什么不同？进一步将有暗点的蛋切开，寻找那个产生暗点的小白点儿，观察小白点儿上有否小鸡仔的影子。

思考

人不要爸爸妈妈可以出世吗？

参考答案

（1）不能。谁见过没有爸爸妈妈的孩子？

（2）不要爸爸，只要妈妈就行。科学家已经掌握了油菜"孤雌生殖"技术，他们实现了只要油菜妈妈，不要油菜爸爸，繁衍出品质优良的油菜子孙。只要科学家掌握了人"孤雌生殖"技术，一样可以只要妈妈就能繁衍后代，实现《西游记》中"女儿国"的理想。

（3）只要爸爸，不要妈妈就行。科学家们已经成功地使植物世界中的"男儿"——花粉直接发育成植株。这种叫花粉育种的技术，使小麦、水稻等作物在没有妈妈，只有爸爸的条件下，培育出品质优良的后代。植物界中能办到的事，人也能办到。

（4）能。科学家们已成功地培育出没有爸爸妈妈的"克隆羊""克隆鼠"等克隆动物。假以时日，没有爸爸妈妈的"克隆人"的出现，也是指日可待的。

(5)能,但最好经过借腹怀胎过程,有个养母,没有妈妈的世界真是难以想象,这在我国是不合法的。

红花白花

春天,如果你到郊外去旅游,一定会被田野上盛开的豌豆花所吸引。在你欣赏了豌豆花的美丽以后,你是否注意观察过,为什么有的豌豆花是红色的,有的豌豆花是白色的?你是否耐心而仔细地数过,在一片菜地里,红花有多少朵,白花有多少朵,两种不同的花各占多大的比例?比例算出来以后,你会不会进一步思索一下,这种比例说明什么问题?

也许你会说,豌豆开红花、白花,有什么学问,也值得去观察?数红花、白花有多少朵,这有什么意思,又多么枯燥!红花、白花的比例,能说明什么问题?

如果你这样说,这样想,就大错而特错了。有一个大科学家,就是在观察豌豆开花这种看来极平常的事物中,开始揭开生命之谜、遗传之谜的。这个从研究不为一般人注意的平常事物入手,获得了伟大发现的大科学家叫孟德尔。孟德尔是捷克布尔诺市(当时属奥地利的布隆)的一个牧师。他不甘修道院生活的寂寞,在自己任院长的修道院里搞起了许多异想天开的植物实验。在寂静的修道院里,有一片菜地。孟德尔在这片菜地上种了几十种特征各异的豌豆品系。比如,其中的4个品系,一种植株高大,一种植株矮小,都开着素净的白花;一种植株高大,一种植株矮小,却开着鲜艳的红花。他有意识地用这4种豌豆及其他豌豆品系做杂交试验。枯燥呆板的修道院生活,并没有消磨他追求科学真理的顽强意志。他坚持不懈地用了整整8年时间,细致地观察他种下的一季又一季杂交豌豆的种种变化。通过观察和精密地试验,他发现一种奇异的现象。用这4种不同品系的豌豆进行各种组合杂交产生的后代,在开红花、白花,高株、矮株的植株的数量上存在一定的比例规律。其他的试验也表明，在豌豆的种子形状和颜色，豆荚的形状以及子叶的色泽等特征上也存在一定的比例规律。比如，单以红花、白花这一对性状为例，纯种红花与纯种白花杂交所产生的后代全开红花；纯种白花与杂种红花所产生的后代一半开红花，一半开白花；杂种红花与杂种白花杂交所产生的后代，四分之三开红花，四分之一开白花。

要说明这两个定律，还得从孟德尔在研究白花红花豌豆杂交产生的后代中发现了什么说起。原来，他发现，纯种白花与纯种白花豌豆所产生的后代全长成白花；杂种红花与纯种白花所产生的后代一半长成白花，一半长成红花；杂种红花与杂种红花杂交所产生的后代，四分之三长成红花，四分之一长成白花。为什么会这样呢？生物体的一个性状，比如，豌豆长成白花，人的眼睛有色盲，都是由父母的一对基因共同决定的。这一对基因传给后代时，父母的这一对基因信息不同，比如，父本的基因是白花基因，要豌豆长成白花；母本的基因是红花基因，要豌豆长成红花。怎么办？这一对基因中，总有一个信息强大，叫显性基因，如豌豆的红花基因是显性基因；一个信息弱小，叫隐性基因，如豌豆的白花基因是隐性基因。显性基因与隐性基因遇到一起，生物在生长发育时，只好听显性基因的话。白花基因和红花基因组成的杂交豌豆，肯定只长成红花。而来自父本的基因是白花基因，来自母本的基因也是白花基因，隐性基因与隐性基因遇到一起，“大哥莫说二哥——两个差不多”，长成白花的信息一样强烈，于是，豌豆便长成白花。可是，长成红花的杂交豌豆再与长成红花及白花的豌豆杂交，就没那么简单了。因为长成红花的杂交豌豆是由一对红花基因和白花基因组成的，它与其他红花豌豆或白花豌豆杂交时，分别由白花基因或红花基因去同另一株豌豆的红花基因或白花基因组合，形成复杂的局面。孟德尔便是从这种复杂的局面中找出了规律，根据这种规律，能预知杂种后代长成红花白花的情状。比如，杂种红花与纯种白花产生的后代。

杂种红花 × 杂种红花

（红花基因×白花基因） （红花基因×白花基因）

|

|

杂交豌豆基因组合：

四分之二：红花基因×白花基因——长成红花

四分之一：红花基因×红花基因——长成红花

四分之一：白花基因×白花基因——长成白花

这便是孟德尔的两个著名的遗传定律：在父母将一个性状传给下一代时，父母体内的各一对遗传因子按独立分配定律分别传给不同的后代，按自由组合定律在后代由父本和母本组合的一对因子决定一个性状。后来，遗传学家将孟德尔的因子称为基因。

这种规律说明什么问题呢？孟德尔苦苦地思索着，运算着。经过严密的数学运算、逻辑推理，他竟然找到了解开成百上千科学家们苦苦探求、百思不得其解的生命之谜和遗传之谜的第一把钥匙！他证明了，动人心魄的生命之歌原来是由生物体内的一群“演员”弹奏出来的，生物体内的“红花演员”发出信号，使豌豆开出红花，“白花演员”发出信号，使豌豆开出白花。生命之歌和遗传之歌是一曲十分复杂的交响音乐、大合唱，“演员”队伍十分庞大。比如，演出一个人的生命之歌和遗传之歌的交响乐团和合唱团至少有200多万个“演员”！这个庞大的乐团和合唱团，按一定的乐谱和歌词，有规律地、有条不紊地弹奏着，演唱着。生命之歌的乐谱很复杂，很难读懂，犹如一部“天书”。不过，“天书”再复杂，也不是无门可入的。孟德尔根据他的豌豆杂交试验，努力去读这部有关生命的“天书”，竟然找到了进入生命“天书”藏书殿堂的第一把钥匙，发现了开启藏书殿堂的两种规律：独立分配定律和自由组合定律。这是一个多么了不起的发现，这是一件多么伟大的功勋！由于孟德尔的功勋，后来的科学家将孟德尔称为“遗传学之父”。

观察与思考

实验题目:种豌豆和颜料水浇花

你需要准备

(1)10粒颗粒饱满的豌豆。

(2)带优质土的花盆2个。

(3)红、蓝墨水各1瓶。

实验步骤

(1)在2个花盆中分别种入5粒豌豆,浇上水。

(2)将花盆放在透风有阳光的地方,并经常浇水。

(3)当豌豆刚出现花蕾时,每天在有白色花蕾的豌豆根部早晚浇一点浓度很低的颜料水,一盆浇稀释的红墨水,一盆浇稀释的蓝墨水。

(4)观察这两盆豌豆中的白花颜色有无变化?有何异同?

◇注:豌豆,又称毕豆、小寒豆、淮豆、麦豆,一二年生草木豆科植物,嫩荚、嫩苗可作蔬菜,种子可供食用和制淀粉(俗称豆粉),开白色花或紫色花。颜料水浇花试验,是伟大的生物学家达尔文在童年时期的一个梦幻。他曾经在同学面前吹牛,他用颜料水浇报春花和西洋樱草,使这些植物变得五颜六色。其实,他根本没做过这个试验。现在,我们来圆达尔文的这个梦,用颜料水浇花,看能否使豌豆花变得五颜六色。

思考

用颜料水浇花,能否使花变得五颜六色?

参考答案

(1)不能。因为白花豌豆的"白花演员"指挥花朵不吸收红、蓝颜料,能排除一切干扰保持花朵洁白的颜色。

(2)能。如果将红、蓝颜料直接浇在白花豌豆的花蕾上,白花浸润进颜料水,便会使白花变得五颜六色。

(3)如果将用自来水稀释的淡颜料水直接浇在白花花蕾上,开始白花会被颜料水污染而有色斑，但在豌豆“白花演员”的指挥下，逐渐清除杂色污染，使花朵保持洁白美丽。

（4）如果将浓的颜料水浇在白花花蕾上，白花会被颜料水污染而产生无法消退的色斑，乃至色斑处坏死，很难看。

（5）过浓过多的颜料水浇花会导致花朵甚至植株的坏死。

果蝇的故事

孟德尔读“天书”入了门，发现了生命之歌和遗传之歌的“演员”的蛛丝马迹，引来众多生命秘密探索者，在生命体中寻觅这些“演员”的下落。他们为生命之歌的“演员”取了一个专有的名字：基因。基因这个名字，对于你们来说，也许已经并不陌生，当爸爸妈妈在亲戚朋友面前夸赞你的时候，往往会自豪地说：“这小子有我的基因！”“我的女儿多像我，她身上的好多基因都是我的！”

为了进一步找到“天书”，深入生命“天书”藏书殿堂，寻找生命之歌的“演员”，寻找基因的下落，伟大的生物学家摩尔根做出了突出的贡献。摩尔根也是在研究一种平时不为人注意的生物——果蝇时，发现了基因的下落的。

果蝇，又称黄果蝇，一种不起眼的小型蝇类，成天嗡嗡地围着烂水果飞舞，成群结队不招而来、挥之不去。1909年，摩尔根教授在纽约哥伦比亚大学建立遗传学实验室时，独具慧眼，选择了貌不惊人的果蝇作为实验动物，促进了伟大的科学发现，使果蝇扬名天下，名垂千古。摩尔根之所以选择果蝇作为实验材料，是因为果蝇饲

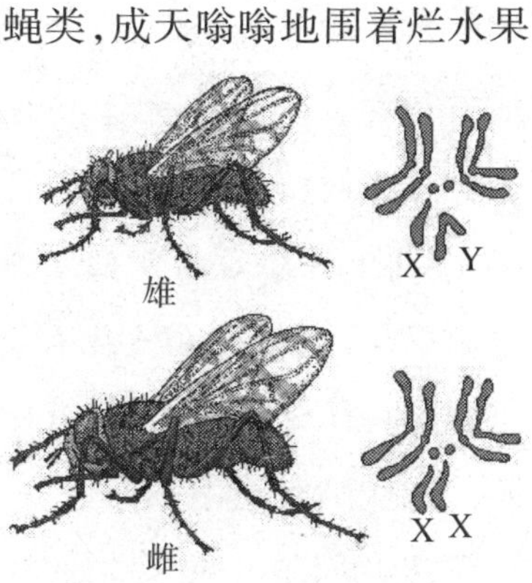

养成本低。一点儿捣碎发酵的香蕉便能使果蝇大饱口福，养家糊口，生儿育女。果蝇的个子小，饲养繁殖的容器不用多大，牛奶瓶就能装下几百群果蝇家族。在摩尔根60平方米的果蝇实验室里，高峰时曾经同时饲养过几百万只果蝇！低成本的实验材料，对于经费拮据的摩尔根来说，是至关重要的。果蝇还有繁殖力强，15天内便能三世同堂的优点，这对缩短实验周期十分有利。摩尔根在18年间，繁殖了15000代果蝇的子子孙孙，要是用人来做实验对象，繁殖这么多代直系子孙，至少得用30万年！果蝇作为一种遗传学的实验材料，还有一些学术研究上的优点。可以说，选好一种实验材料，研究便成功了一半，这是科学家成功的秘诀之一。

摩尔根和他的"蝇室集团军"，利用果蝇这种绝佳的实验材料，开始了寻找生命之歌"演员"——基因下落的研究。实验条件很差，研究很艰苦。你看，研究室的窗台上放满了装有发酵了的香蕉碎块的牛奶瓶，实验桌、书架、柜子里、柜顶上、墙脚下、椅子旁，到处放着饲养有果蝇的瓶瓶罐罐。在这间不到60平方米的房间里，到处弥漫着似香非香又带有腐臭酸味的难闻气息。这些让人厌恶的气息却讨生性"逐臭"的蝇类的喜爱。于是，蝇室里充斥着各种蝇子的嗡嗡声，除果蝇以外，那些并不受人欢迎的香蕉蝇、红头蝇、醋蝇、苹果渣蝇、麻蝇在蝇室里飞来飞去，驱之不去。为了诱捕这些杂蝇和从牛奶瓶中逃逸出来的果蝇，科学家们在研究室的窗户上，高高低低地挂着剥开的香蕉，让其自投罗网。

摩尔根和他的"蝇室集团军"的大将们，就是在这样的环境中，聚精会神地工作着。他们根据设计好的实验方案，将果蝇用射线照射、喷灌化学药剂等方法处理，然后让它们繁殖后代，观察后代的眼睛颜色、翅膀的形状等有无变化，并思考为什么果蝇经过强刺激后，会发生各种特性的变化，再通过数字统计，看这些变化有无规律可循。他们观察果蝇的儿孙与它们的爸爸妈妈有什么相同之处，有什么不同之处，并思考为什么会相同，为什么不同。这样的实验做来做去，一做就是18年。

在这18年中，探索生命之谜和遗传之谜的统帅摩尔根和他的大将斯特蒂文特、布里奇斯、穆勒、威尔逊、佩恩、舒尔茨、莫尔、斯特恩等，不断有震惊世界的发现，摩尔根、穆勒等并为此获得不同年度的诺贝尔奖。他们最重大的发现是找到了生命之歌的“演员”——基因的下落。原来，他们居住在细胞核中一个名叫染色体的地方。孟德尔只在生命活动中看到了这些“演员”活动的蛛丝马迹，并不知晓这些“演员”的出生地、居所和相貌，从而使这些似乎只在理论上存在的“演员”，在世人眼中只是一群虚无缥缈的精灵，很难让常人相信它的存在。摩尔根和他的大将们，用千万次可以重复的果蝇实验，以不可辩驳的事实，证明了生命之歌的“演员”——基因，居住在染色体里，是一个不容置疑的事实。摩尔根找到了进入宏大的生命“天书”藏书殿堂的第二把钥匙。

观察与思考

实验题目：杂交兔实验

你需要准备

(1)一只成年长毛公兔。

(2)一只成年短毛母兔。

(3)一只能装下两只兔子并有一点活动空间的铁丝编织的笼子。

(4)青饲料，如莴苣叶、奶浆藤等。

(5)精饲料，如麦麸、糠、馒头、米饭等。

(6)盛水和精饲料的小洋瓷碗。

实验步骤

(1)将长毛公兔与短毛母兔放在一个笼子内饲养，每天早晚各喂一次青饲料和一次精饲料，并保持碗中有水。

(2)2～3个月后，母兔便可产6～9只小兔。

(3)继续饲养小兔15～20天，至能准确判断小兔是长毛兔或短毛兔为止。

(4)观察并记录小兔中长毛兔有几只，短毛兔有几只，有何规律，为什么？

思考

在小兔未出生前，猜一猜：小兔的毛长与长毛兔爸爸的一致，还是与短毛兔妈妈的一致，还是长毛兔爸爸和短毛兔妈妈毛长的平均值？为什么？

参考答案：

(1)杂交兔的后代的毛长不是长毛兔与短毛兔的平均值，不是长毛，便是短毛，因为兔毛的长短是在兔子体内的短毛基因和长毛基因控制下形成的。短毛基因信息强大（显性基因），长毛基因信息弱小（隐性基因），当父母传下来的基因配对时，如果强大的短毛基因与弱小的长毛基因碰在一起，长毛基因的信息便被掩盖，小兔必然会在短毛基因的指挥下，长出短毛来。只有父母传递给下一代的都是弱小的长毛基因，小兔才会在长毛基因的指挥下长出长毛来。如果买来的兔子是纯种的长毛兔和纯种的短毛兔，则长毛兔与短毛兔杂交产生的后代全部是短毛兔。

纯种长毛兔 × 纯种短毛兔

（长毛基因×长毛基因） （短毛基因×短毛基因）

|

|

小兔基因组合：全部为长毛基因×短毛基因——短毛兔

(2)如果买来的是杂种的短毛兔和纯种的长毛兔，则产生的后代一半是长毛兔，一半是短毛兔。

纯种长毛兔 × 杂种短毛兔

（长毛基因×长毛基因） （长毛基因×短毛基因）

|

|

小兔基因组合：

二分之一：长毛基因×长毛基因——长毛兔

二分之一：长毛基因×短毛基因——短毛兔

(3)兔爸爸或兔妈妈有生理缺陷,没有生育能力,无杂交后代。

记事卡:

基因:生物体内决定豌豆花颜色、兔毛长短的东西叫基因。

(1)患色盲病的人,因为病人体内有色盲基因。

(2)鼻子长得高的人,因为这个人体内有高鼻子基因。

(3)长黑色头发的人,因为这个人体内有黑发基因。

(4)长金色头发的人,因为这个人体内有金发基因。

“天机”泄漏

“种瓜得瓜,种豆得豆”,这似乎是理所当然的事。其实,这个现象中蕴含着自然界中最神秘的谜中之谜:遗传之谜。你想过没有,为什么只有种瓜才能得瓜,种豆才能得豆,而种金子却不能得金子?种瓜能否得豆?种豆能否得瓜?

生命之歌是大自然创作的一部伟大的艺术品,其中蕴藏着巨大的“天机”。盖世奇才孟德尔、摩尔根天不怕,地不怕,在天上戳了一个洞,使“天机”开始泄漏。但是,孟德尔、摩尔根虽然开了一个头,无奈“天机”太神秘,记载有关于生命的“天机”的“天书”太深奥,一时难以将“天书”完全读懂。摩尔根找到了基因的住所,但科学家们还不知道这些神奇的小天使是什么模样。大批科学家云集在基因住所周围,企图深入住所内部,看一看住在这个住所里的基因的面貌。通过很多科学家的努力,特别是一个叫艾弗里的科学家的努力,科学家们搞清楚了,在染色体这个大宅院里,还有两个小宅院,一个小宅院叫蛋白质,一个小宅院叫核酸,核酸才是基因的聚居区!

可是,核酸只有头发丝的四万分之一那么细小,如何容得下成千上万个基因，演出如此复杂的生命之歌呢？如果不揭开基因神秘的面纱，露出“庐山真面目”，不论是孟德尔、摩尔根，还是艾弗里的理论，都很难站住脚。1953年，美国年轻的生物学博士沃森，身负着特殊的使命来到英国，在世界首屈一指的卡文迪许研究所学习。他受命去学习一种探明物质原子核结构的新技术。在学习中，他结识了一个中年物理学家克里克。在原本风马牛不相及的两大领域中，进行着前沿探索的科学家，在学术交流中碰撞出了智慧的火花。物理学家决定同生物学家合作，共同探索基因聚居的“公寓”——核酸的结构之谜。经过他们艰苦的努力，核酸的秘

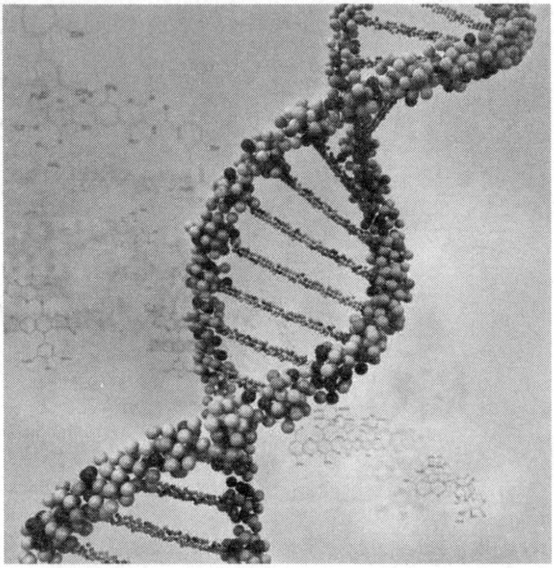

密被部分解开了。他们绘制出核酸“公寓”的详尽结构图。原来，生命指挥中心——核酸“公寓”是一种很奇特、美丽的双螺旋状结构，像一座雄伟的万里长城。虽然城墙很长很长，但使用的“建筑材料”的种类却只有4种。这4种“建筑材料”的名字和结构也弄清楚了，是4种结构有差异的核苷酸。每个生命体构建基因“公寓”使用的建筑材料数量十分巨大。比如，建造小小的大肠杆菌的基因“公寓”，就用了800万个核苷酸做材料。建造一个人的一个细胞的基因公寓，则用了58亿个核苷酸做材料，比当时全世界人口数量的总和还多。沃森和克里克这一至关重要的发现，敲开了进入生命迷宫的大门，他们为此双双获得诺贝尔奖。

可是，生命之谜和遗传之谜并未完全解开。基因到底藏在核酸“公寓”中的什么地方，是什么模样，它们怎样传递生命信息，演奏生命之歌，还是模糊不清的。这么复杂的问题需要多学科的科学家通力合作才能够解决。

生物学家和物理学家结合在一起,在探索生命秘密的研究中做出卓越贡献的范例,鼓励了大批生物学的“外行”加入生命秘密探索者的行列。就在沃森和克里克发表关于基因“公寓”结构图的研究论文后一年,美国的天文学家盖莫夫参战。他反复研究了沃森和克里克绘制的基因“公寓”图纸,猛然想起十年前一个生物学“外行”的预言,幡然醒悟。

这个生物学“外行”叫薛定谔。他是出生在奥地利的著名物理学家,近代量子力学的奠基人。第二次世界大战中,他从奥地利流亡到英国。坎坷的生活并没有中断他的科学研究,他用一双善于观察物质微观世界的慧眼,观察了千姿百态的生物界。他对生物界的遗传现象感到了莫大的兴趣。生命体一代接一代地复制自己的模型,培养出忠实于自己形象的新的生命体,这种复制过程如此精确,就像工厂里的工人按照工程师设计的蓝图制造机器一样。复制生命的工程师遵循着一种什么样的思维规律在设计生命的蓝图呢?这种规律能不能为人类认识呢?薛定谔想到了电报。1844年5月24日,在美国华盛顿国家大厦的联邦法院会议厅里,人们相互低声地交谈着,兴奋而又焦急地等待着一个奇迹的出现。物理学家莫尔斯万分激动,他用颤抖的手揿动着发报机的按键,把他自己发明的,用“点线”等符号组成的电文,发往60千米外的巴尔的摩城。那里的收报机收到了莫尔斯的电码,按莫尔斯编制的电码本翻译出了电文。世界上第一份载有文明信息的电报诞生了。以后,电报广泛应用到生活上和军事上。在军事上,为了保密,人们编制了形形色色的密码电报。点、线两种符号,收报机里听到的长声、短声两种声音,竟然能够传递人们十分复杂的思想,这比音乐家用7个音符写乐谱还要简捷。

薛定谔想,在生物界,是否也同用电码传递信息一样,在用某种我们至今还没有破译的密码在传递生命设计者的信息呢?他在《生命是什么》一书中,做了大胆的预言:“遗传物质犹如莫尔斯电码的点和线那样,可取几种不同的状态,像用莫尔斯电码可以记述所有的语言那样,状态变化的顺序大概是表示着生命电码的密码文。生命的密码被复制,并像拷贝一样无误地传给了子孙。”

盖莫夫看到薛定谔的这一段论述，禁不住击掌叫好。他两眼在沃森和克里克绘制的基因公寓蓝图上标示的4种建筑材料上定位，浮想联翩，来了灵感。这4种建筑材料是否就如莫尔斯电码的点点、线线一样，是一种生命密码的符号呢？他立即开始进行数学运算，并据此提出了一个大胆的假设。他提出，生命密码就是由构建基因公寓——核酸的4种建筑材料组成的。这4种建筑材料每3个构成一个三联体生命密码子，生命密码共有64个密码子。基因的面貌也清晰起来。原来，基因就藏在双螺旋形的核酸大厦里，它镶嵌在螺旋形建筑的墙壁上，既是大厦的居民，又是构建大厦的建筑材料。每个基因是双螺旋形建筑物墙壁的一小段，它因有不同的核苷酸排列顺序，而发出不同的生命信息。

这些生命信息是怎样化为五光十色的生命活动的呢？在此之前，不少科学家已对此进行了长期而富有成效的探索，把基因发出的生命信息转化为生命活动的关键步骤搞得一清二楚。原来，基因中的生命信息是通过指挥合成一种特殊的蛋白质——酶，来进行生命活动的。酶有着非凡的本领。我们吃饭的时候，食物被消化为能为人体吸收的物质，就主要靠酶的作用。我们的口腔里、肠胃道中，含有大量的淀粉酶、脂肪酶、蛋白酶。在口腔里，经过唾液中的淀粉酶的作用，将部分食物中的淀粉分解成麦芽糖。在胃里，经过胃酸中胃蛋白酶的作用，将蛋白质分解为蛋白胨、氨基酸。在小肠中，通过胰腺、胆囊和小肠分泌的各种酶的共同作用，将未被消化的米饭、肉和其他食物中的营养成分分解为能为身体吸收的小分子化合物。这些小分子化合物为肠黏膜所吸收，随血液循环流到全身。营养物质在身体内各种酶的作用下，或者转化为我们的眼睛、鼻子、五脏六腑和四肢等器官，或者从中释放出能量来，使我们的心脏跳动、肺呼吸，供我们去参加劳动，攀登高山，在水中遨游，驾驶飞机在蓝天中飞翔。

动物和植物的生命活动也是如此。牛吃了草，草在牛消化器官里特有的纤维素酶的作用下，分解成小分子的糖，被牛吸收后进入体内，再经过一系列酶的作用,变成了牛奶、牛肉。绿色植物在灿烂的阳光下进行的光合作用,也是靠的酶。它们将从大气中吸进体内的二氧化碳,从土壤中吸收来的水,通过一系列酶和阳光的共同作用,化合成碳水化合物,将太阳能转化为化学能储藏起来,供大多数生物,特别是动物利用。可以说,有什么样的酶,便有什么样的眼睛、鼻子、耳朵。不同的生物,因为拥有不同的酶体系,便有不同的身体结构、不同的本领。人之所以没有鸟的翅膀,植物为什么固定在一个地方,不能说话不能动,都是因为人、鸟、植物身体内有不同酶体系的缘故。

为什么植物、人、鸟具有不同的酶系统呢?那是因为植物、人、鸟具有不同的基因。一个基因指挥合成一种酶,决定一种生命活动,这就是为诺贝尔奖获得者、美国科学家比德尔证实了的“一个基因一个酶”的理论。

观察与思考

实验题目:馒头酶解实验

你需要准备

一个新鲜的白面馒头。

实验步骤

将白面馒头撕一小块在口中慢慢咀嚼,不忙下咽,看是否会越来越甜?

参考答案

馒头中没有甜味的淀粉在口腔唾液中的淀粉酶作用下,变成有甜味的麦芽糖,随着咀嚼时间的延长,淀粉转化成麦芽糖的量越来越大,也就越来越甜。

记事卡

酶:鸟会飞行,人会走路,是身体内酶作用的结果。

(1)植物开花结果,是植物体内酶作用的结果。

(2)动物生长发育,是动物体内酶作用的结果。

(3)人生老病死,是人体内酶作用的结果。

破译“天书”

时间进入了20世纪60年代，探索生命秘密的战斗进入了白热化阶段，全世界的许多科学家投入了破译生命密码的战斗。虽然科学家们已经证实，生命活动是在用生命密码表达的遗传信息的指令下进行的，生命密码的详情还未被人掌握，64个密码子也未被人们破译和证实，大自然奉献给人类的这一部伟大的生命“天书”还无法看懂。为了要看懂“天书”，必须首先要破译用于书写“天书”的生命密码。分子生物学家们在几个实验室，同时开始了破译生命密码的战斗。1961年的春天，美国著名的学者尼伦伯格领导的生物化学小组首先告捷，他们破译了生命密码的第一个密码子：UUU。并且，他们在试管里合成了这个密码子，证实了这个密码子的功能。之后，尼伦伯格和另一些实验小组，破译了全部64个密码子。

然而，科学家们的探索并未就此结束。他们的实验是严密的。他们在思索着另一个问题，在生命体外破译的密码是否与生命体内的一致呢？美国的几个研究小组很快解答了这个问题。他们在研究大肠杆菌和另一种比细菌还小得多的生物——噬菌体后，推断出这两种微生物的生命密码。令人兴奋的是，通过体外试验破译的密码，跟在这两种微生物上测出的密码完全吻合。更令人瞠目结舌的是，从这两种微生物上测出来的密码，竟然与地球上的所有生物毫无二致。也就是说，无论是最低等的微生物、苔藓、地衣，还是高等哺乳动物大象、猩猩，甚至人类，都毫无例外地使用同一种密码。有人把烟草花叶病毒的密码放入大肠杆菌中，大肠杆菌竟制造出烟草花叶病毒的蛋白质。有人把鸭子血红蛋白的密码，放入兔子的红细胞中，兔子体内奇迹般地出现了鸭子的血红蛋白。有人甚至把人体细胞中的某些密码，引进老鼠的细胞中，结果，在老鼠细胞中居然产生了人体细胞才有的蛋白质。这说明，全世界的生物虽然有上百万种，但它们都使用一种通用的生命密码。至此，关于生命的这一部“天书”已能读懂，生命之谜的谜底已经揭开。原来，大自然将生命的信息以生命密码的形式存载在核酸上，演奏生命之歌的一个基因是核酸宏伟的双螺旋城墙中的一小段城墙，一个基因发出一个生命信息，决定一种生物催化剂——酶（或酶的一段——多肽）的合成，控制生物体内产生一种生物化学反应，表现一种生命活动。

生命之谜的解开，也伴随着将遗传之谜解开。原来，核酸神秘的双螺旋城墙式建筑本身就是一张生命的施工蓝图，是一张记录着演奏生命之歌的乐谱，是一部展示生命魅力、奇妙无比的“天书”。生物将上一代的性状遗传给下一代，只要复制一张施工蓝图、一张乐谱、一部“天书”就行。复制的过程也搞得一清二楚。1966年初夏，来自世界各地的优秀生物学家，聚集在美国纽约市郊的冷泉港，总结人类破译“天书”的这一场艰苦卓绝，成就非凡的战斗。在这次会议上，生物学家们在20世纪60年代初期的生命密码字典基础上，编制了一本地球上所有生物通用的遗传密码字典。科学家们将用这一部字典，去破译蕴藏在每一种生命里的“天书”，从而主动地去改造生命，包括改造人类自身，为人类谋福利。

记事卡

生命之谜的谜底：一个基因决定一种酶，一种酶决定一种生命活动。

（1）白化病病人的病因。因为体内的酪氨酸氧化酶基因缺陷，不能合成酪氨酸氧化酶，便不能形成黑色素。皮肤缺乏色素，人便怕见阳光。

（2）苯丙酮尿症病人的病因。因为体内的苯丙酮酸分解酶基因缺陷，不能分解有毒的苯丙酮酸，致使苯丙酮酸流入大脑，阻碍智力发育。

遗传之谜的谜底：基因通过复制，将储存记载在基因上的生命密码信息传给下一代。

（1）来自父亲的精子细胞中，有用父亲的生命信息构建的半栋基因公寓；来自母亲的卵细胞中，有用母亲的生命信息构建的半栋基因公寓。精子进入卵细胞,在受精卵中合成一栋完整的基因公寓。在用父母的复制基因构建的这栋基因公寓里,发出生命信息,形成了下一代个体。于是,父母的生命信息便遗传给了下一代。

(2)马铃薯芽眼中的细胞,在分裂繁殖的过程中,基因公寓不断复制,生命信息便从上一代遗传到下一代。

思考

柿子树上可以长出牛肉吗?

参考答案

(1)不能。

(2)能。如果把长牛肉的基因移到柿子树上去,柿子树上就会长出牛肉来。

(3)柿子树上结牛肉,多么可怕的情景!千万别做这样的基因组合设计。

高手著“天书”

生命的“天书”被破译了。然而，有一个问题还让人百思不得其解，那就是谁写出了如此辉煌的巨著，生命“天书”的作者是谁？

神是作者？

翻开《圣经·旧约全书》，第一章《创世记》便赫然写着我们现在还在冥思苦想的答案：“起初，神创造天地。地是空虚混沌，渊面黑暗。神的灵运行在水面上。神说，要有光，便有了光。神看光是好的，就把光暗分开了。神称光为昼，暗为夜，有晚上，有早晨。这是头一日。神说，诸水之间要有空气，将水分为上下。神就造出空气，将空气以上的水，空气以下的水分开了。事就这样成了。神称空气为天，有晚上，有早晨。这是第二日。神说，天下的水要聚在一处，让旱地露出来。事就这样成了。神称旱地为地，称水的聚处为海，神很满意。神说，地要长出青草，结种子的菜蔬，结果子的树木，果子都包着核。事就这样成了。于是，地就长出青草，结种子的菜蔬，结果子的树木，果子包着核。神很满意，有晚上，有早晨。这是第三日。神说，天上要有光体，可以分昼夜，做记号，定节令、日子、年岁，并要发光在天空，普照到大地。事就这样成了。于是，神造了两个大光，大的管昼，小的管夜。神又造了众星，就把这些光摆列在天空，普照到地上，管理昼夜，分别明暗。神很满意。有晚上,有早晨,这是第四日。神说,水要多多滋生有生命的物,要有雀鸟飞到地面以上,天空之中。神就造出大鱼,造出在水中滋生的各种动物,又造出各种飞鸟。神很满意。神就赐福给这一切,说,滋生繁多,充满海中的水,雀鸟也要多生在地上。有晚上,有早晨,这是第五日。神说,大地上要生出活物来,要有牲畜、昆虫、野兽。事就这样成了。于是,神造出野兽,造出牲畜,造出昆虫。神很满意。神说,我们要照着我们的形象,按照我们的样式造人,使他们管理海里的鱼、空中的鸟、陆地上的牲畜和昆虫。神就照着他的形象造男造女。神就赐福给他们,对他们说,要生养众多,布满大地,也要管海里的鱼、空中的鸟、陆地上的活物。神说,看哪,我将遍地一切植物上结的种子,一切树木上结的果子给你们,只把青草留给牲畜和野兽。事就这样成了。神很满意,有晚上,有早晨,是第六日。"

如此说来,我们人类其实是神"克隆"的。人就是"克隆神""机器神"。《圣经·旧约全书》第二章细致地描述了神造人、克隆神的过程:"神用地上的尘土造人,将生气吹在他的鼻孔里,他就成了有灵的活人,名叫亚当。"亚当是神造出的第一个男人。神觉得意犹未尽:"神说,那人独居不好,我要为他造一个配偶帮助他。"于是:"神使他沉睡。他就睡了。神取下他的一根肋条,造成一个女人。神将亚当的伤口愈合,使他醒过来,把女人领到他的面前,对他说,这个女人是你骨中的骨,肉中的肉,因为她是用从你身上取出的骨肉造出来的。你们要连合起来,成为一体。"亚当给这个女人取名叫夏娃。以后,亚当和夏娃在伊甸园里偷吃禁果,结婚生子。亚当和夏娃便是众生之父和众生之母。人类从此繁衍下去。这个造人的神叫耶和华。耶和华的杰作,特别是他造的女人实在太美丽,令耶和华的儿子们羡慕不已。他们竟随意挑选美貌的"机器女神"——女人为妻,产生了许多上古英武有名的"人神杂种"。后来,耶和华看到他一手造出的人类罪恶深重,成天想的尽是干坏事,后悔了。他除了将品格高尚的完人诺亚一支及部分动物保存在方舟内以外,降洪水淹没大地150天,使其余的人和动物全部毁灭。洪水退后,幸存的诺亚筑了一座祭坛,为神献上好吃的牺牲品。耶和华闻到牺牲品的馨香之气，受了感动，与诺亚及其后人立约，只要人能除去从小就有的恶念，改恶从善，他就让人活下去，生生不息，不再灭绝了。

这就是我们从《圣经》里看到的第一个答案：生命"天书"的作者是"神——耶和华"，他在若干年前按神的模样设计了"机器神"，写出了生命"天书"，并利用地球上的原料克隆了"机器神"——人，赋予人以神的模样，并注入了神的灵魂。为了人的生存繁衍，神还制造了为人提供食物的各种动植物。

"神"的左手

《圣经》中关于神造万物（包括生命）的故事被当成不可怀疑的真理统治了西方世界1000多年，直到几百年前西方文艺复兴时代及其后科学快速发展时期，才被哥白尼、布鲁诺、达尔文、赫胥黎等科学家用新的学说代替下来。关于生命"天书"的出处，则由伟大的英国生物学家达尔文提出了与"神创论"大相径庭，有根有据的"自然选择"学说。达尔文认为，生命"天书"的作者是"自然神"。

达尔文是在参加一次环球航行时开始怀疑《圣经》的真理的。他在考察加拉帕戈斯群岛的动植物时，发现了那位写作生命"天书"的"自然神"的蛛丝马迹。加拉帕戈斯群岛位于南美洲厄瓜多尔领海内，由10个小岛组成。达尔文发现，这些岛屿很年轻，不久前还为大洋覆盖。在这块年轻的土地上，生活着种类繁多的动植物。达尔文爬遍了加拉帕戈斯群岛的每一个小山头，搜集一切可能搜集到的生物标本，在这个研究自然史的宝库里废寝忘食地工作着。他发现，在他的周围尽是世界别处没有的鸟类、爬行动物和植物的特殊品种。在这里，他发现了25种鸟类的新种。这些新种，是群岛独有的，没有一种可以在世界上其他地方发现。他还发现了100种植物新种。令他震惊的是，这些动植物新种有许多显然是不久前才形成的，这与《圣经》上记载的生物物种是神在两天之内（周五、周六）创造出来的说法多么的不一致！

而且，达尔文还发现，这10个由升出海面的死火山组成的岛屿，每个岛上的气候、土壤特性、地势高度虽然是那样一致，但这些岛屿上的生物种类却不同，詹姆斯岛上所发现的38种加拉帕戈斯群岛独有的植物中，有30种只有在这个岛屿上出现。在阿尔贝马尔岛上26种加拉帕戈斯群岛独有的植物中，有22种为这个岛特有。更为有趣的是，同样都是地雀，但却有不同长短的嘴壳子。有一种嘴壳子最长的地雀是查理岛上和查塔姆岛特有的，其他8个岛上没有。嘴壳子最短的地雀只有在詹姆斯岛上才有。总之，达尔文发现，组成群岛的各个岛，外界条件基本上是一致的，但生物的品种却是各不相同的。不过，这些各不相同的品种又有接近的亲缘关系。而这些各不相同的品种，还同南美洲大陆上的物种有较远一些的亲缘关系。怎样用《圣经》来解释这一切呢？他在《旅行日记》中写道："好像群岛的每一端，都可以找到一个品种，而且各有特殊的变异。岛上的生物，是在岛屿形成之后由南美洲迁移到这里来安家落户的。它们各自在各个岛上发生了变异，由于海洋的隔离，形成了不同岛上不同的独特物种。"

这就是达尔文的第一个发现，那就是"自然神"的左手——变异，在书写着生命的新的篇章。

"神"的右手

环球航行，使达尔文产生了物种可以变异，变异是物种形成的关键环节之一，物种不是上帝的分别创造物，《圣经》不可信的思想飞跃。但是，这还不能解决物种起源和生命起源问题，也无法判断生命“天书”的作者是谁。既然物种不是由神的力量分别创造出来的，那么，又是由什么力量创造出来的呢？是的，物种可以发生变异，但是，单单有变异还不能形成物种呀！物种发生变异后，“自然神”用什么方式使变异形成新的物种呢？

达尔文决定从研究家养的动物和人工栽培的植物入手，弄清这些在人工的干预下形成的动植物品种是从哪里来的？是怎样发生和发展成目前的品种的？他通过15个月的研究，很快明白了人类成功的关键在哪里。原来，人类通过选择那些对人有利的变异，并使变异代代积累，培养出了对人有利的新品种。他把人类的这种选择作用称之为人工选择。达尔文找到了人工培育动植物新品种形成的关键，但是，在自然条件下的生物，是怎样形成新物种的呢？这对达尔来说仍然是个难解之谜。为了揭开这个谜的谜底，达尔文度过了许多不眠之夜。

1838年10月的一天，达尔文离开剑桥，坐马车到舅舅家去会见未婚妻爱玛。一路上，他都在思索物种起源的问题。“在动植物新品种形成的过程中，人类通过选择对人有利的变异，培育出新品种。在这里，人起了主导作用。那么，在自然界里，是什么力量起主导作用，也就是选择作用呢？”这个一直无法解答的老问题使达尔文的脑海变成一片黑暗。马儿呼呼地喘着粗气，在使着最后一股劲向岗顶上爬，一路听惯的轻快的马蹄声变得越来越缓慢，越来越沉重了。忽然，达尔文觉得一束耀眼的阳光射进了黑暗混沌的脑海。“生存斗争！”达尔文在偶尔翻阅马尔萨斯的一本著作时看到的这几个字眼从脑海里涌出来。“心有灵犀一点通。”达尔文欢呼着：“我找到了，我找到了！我终于找到了一个据以工作的理论。正是生存斗争，使那些发生变异后能适应环境者生存下来，使不适应者淘汰。生存斗争，就是自然界中物种形成的关键。正是生存斗争，在自然界中起了选择作用。这种选择作用，可以和人工选择相比拟，称之为自然选择！”

达尔文是一个工作态度十分严肃的科学家。他本着“大胆假设，小心求证”的科学原则，为了论证物种形成的自然选择学说，整整辛勤工作了20年。直到1858年，达尔文才发表了他的伟大著作《物种起源》的摘要。在这20年中，他用了大量工夫考证各种动植物品种在100代前是什么样子，在100万代前是什么样子，自然界的物种是怎样通过自然选择的作用发生和发展成目前这个样子的。他从比较各类动物的胚胎的研究中，从比较各类动物的骨骼结构、器官构造的研究中，清楚地看到了哺乳类、鸟类、鱼类动物在100代以前是什么样子，在100万代以前是什么样子。结果是惊人的。他发现，自然界的各大类物种都是起源于少数的古代祖先。人的手、蝙蝠的翅、海豚的鳍、马的腿，都是由相似的骨架组成。长颈鹿和象的颈部都由同数的椎骨组成。哺乳类、爬行类、鸟类，虽然成体极不相同，但胚胎却密切相似。用肺呼吸的哺乳类动物的胚胎却有靠鳃呼吸的鱼类的鳃裂。从这些事实和其他一些事实出发，达尔文推断，一切脊椎动物，包括人在内，在远古时期，有一个共同的祖先。在更加远古的时代，各大类动植物都有自己共同的祖先。自然界中目前的物种，在自然选择的作用下，逐渐由这些远古的祖先分化、发展而来。这就是达尔文的以自然选择学说为核心的生物进化理论。

达尔文的生物进化理论指出，物种的创造者是“自然”。“自然神”用他的左手——变异，为众多物种的形成创造了条件。“自然神”用他的右手——自然选择，选择了那些发生了有利于在生存斗争中取胜的变异的新物种，淘汰了那些不适应环境的物种，使物种的数量增多，质量提高，由低级向高级发展，直到在两三百万年前出现了万物之灵的人类。“自然神”就是这样书写了生命“天书”这部伟大的著作。生命“天书”的作者是“自然神”。

生命“天书”的作者：外星人？

达尔文的生物进化理论，经过100多年的争论，已为科学界普遍接受。

但是，科学的发展是无止境的。在科学发展的过程中，达尔文的生物进化学说不断受到各学科研究成果的挑战。首先，古生物学的研究证明，地质历史时期上的全球性生物大规模灭绝跟地壳运动、气候变迁等环境因素没有明显的对应关系。而生命起源及物种大变迁时期，如35亿年前出现无细胞结构的原始生命，30亿年前出现有细胞结构的细菌，20亿至25亿年前出现原生动物，4.5亿至5亿年前出现鱼类，2亿至2.5亿年前出现哺乳动物，两三百万年前出现人类，也同环境的大变迁没有明显的对应关系。这一点沉重地打击了达尔文生物进化理论的核心——自然选择学说。而且，达尔文生物进化学说提出的进化树中有许多古生物学的缺环。比如，从猿进化到人的过程中，还需要一系列中间类型的古生物化石来佐证。为了找到这些证据，100多年来，人类开展了空前规模的古生物学研究，但至今这样的化石仍未发现。于是，科学家们提出了人由海豚进化而来、人由恐龙进化而来等假说。虽然这些天方夜谭式的假说难以证实，但同样难于否定。并且，按照生物进化学说，地球上的物种应该越来越多，但我们看到的却是物种年年在减少，虽然其中有人类导致环境恶化的因素，但我们仍然有理由怀疑达尔文的学说在哪儿还有问题。同时，在人类有化石、遗址或文字可考的几千年到两三百万年的发展史上，只看到了“毛人”“连体”“多乳头”等一类返祖现象、怪胎等不利变异的记载，没有看到人有进化为更高等智慧生物的变异的任何迹象！因为按照达尔文的生物进化学说，人是没有理由不再向前进化的。同样，人类开展的大规模人工选种工作，工作量之巨大，各种变异选择的概率之高，却选不出与原种有本质区别的新物种，选出的新物种只有个别性状上的变化，而无大的质的飞跃。没见过谁在选育良种猪时，选出良种马来；选育良种稻时，选出良种豆来。而要实现“种瓜得豆”的幻想，也只有在人类掌握了生命“天书”的秘密以后，直接在“天书”上动手脚，设法改写“天书”，才有可能。因此，生命和生物物种的秘密，仍然隐藏在谁是生命“天书”的作者这一重大的谜团之中。

特别是20世纪下半叶，随着遗传密码的破译，生命“天书”的解读，科学家们对传统的生物进化学说怀疑日甚一日。生命“天书”这部伟大的艺术作品，有很多出类拔萃、令人匪夷所思之处。“天书”的语言，在已知的语言表达体系中，独到而杰出。汉语的语言密码系统，由4万多个汉字符号（通用汉字5000～8000个）构成，一至多个汉字连在一起构成密码子（词、词组、成语、熟语等），常用的密码子达到五六万个。英语的语言密码系统，也由26个字母符号构成，常用的密码子（词、词组）至少也有上万个。而生命“天书”的语言密码系统，却只有4种符号，64个三联体密码子。这个语言密码系统，只有八卦（阴阳二爻两种符号，64个六联体密码子）和电脑的二进位制语言密码系统可以与之媲美。生命密码系统虽然简捷明了，传递的生命信息却十分复杂，丰富多彩。就拿我们人类来说，生命中焕发出的智慧、创造力，丰富多彩的情感世界，认识世界，改造主观世界和客观世界的超凡能力，都在这部“天书”里得到了精妙的表达。宇宙之大，穷尽我们的想象力也很难真正理解。在浩渺的宇宙中，与地球条件相同甚至更为优越的天体多多，但不知为什么，迄今为止，还没有找到任何一个地球以外天体有生命存在的确切证据。生命“天书”是大自然偶然的神来之笔一说，很难令人信服。

人类自从以二进位制为基础，发明了电脑以后，对高等生物中独有的智慧的解释日益简单化。电脑大亨比尔·盖茨甚至说：“我认为人类的智慧没有任何独特。大脑的一切活动都是以二进位制运作的。我们可以用机器复制它。”事实上，智能机器人已经出现。但是，今后的机器人会拥有，甚至超过人的智慧的论断，还是有令人生疑之处的。二进位制同遗传密码、中文、英文一样，只是一种语言密码系统，它是供智慧生物使用的一种表达思想和情感的工具。没有智慧生物的思想和情感，二进位制什么事也做不了。特别是像写作生命“天书”这样伟大的著作，如果没有灌注智慧生物的思想和情感，很难想象怎么可能天然玉成。就像伟大的文学作品《红楼梦》、伟大的艺术作品《蒙娜·丽莎》、伟大的音乐作品《英雄交响曲》一样，很难想象没有曹雪芹、达·芬奇、贝多芬，只有二进位制，能够创造出如此独特的艺术品来。也很难想象，未来的机器人能用二进位制复制出类似的伟大作品，因为艺术品的特征便是不能复制。

《圣经》中的描述虽然明白无误，但过于简单化，也缺乏证据，同样令人难以置信。但是，也不能断定《圣经·旧约全书》“创世纪”全是胡言乱语，如果把“神”理解为有高度智慧的外星人，一切都变得可以理解了。“外星人”完全可以用外星文明发明的遗传密码，设计地球生命的施工蓝图，书写生命“天书”，根据生命“天书”，用地球上的原料，制造形形色色的物种，允许其在生存繁衍的过程中，发生变异，通过人工选择和自然选择，形成新的物种。现在，人已掌握了复制生命，创造地球上目前还不存在的新的物种的技术。人尚且可以办到的事，如果存在比人的智慧更高的外星人，完全可以做到《圣经》上所描述的神做的事情。生命之谜的答案可以如此简捷明了，只可惜还没有实证。外星人是生命“天书”作者的设想也只能是一种“姑妄言之，姑妄听之”的假说而已。然而，这种假说也很难轻易否定。当人类揭开更多的宇宙之谜时，但愿这种假说能找到实证。如果这种假说能找到实证，我们人类竟是来自外星，是外星人造的“机器人”，那该是一个多么美丽的故事啊！

虽然外星人的存在还无实证，但在人类的活动中却留下了许多令人神往的传说，说明外星人并非完全是子虚乌有。除了众所周知的飞碟（UFO）之外，许多曾由媒体报道、难辨真伪的自然之谜常令人想入非非。最令人震惊的是人类进行外空探索时的一些难以伪造的现场直播。美国宇航员阿姆斯特朗乘坐阿波罗 11 号宇宙飞船执行登月飞行任务时，在回答休斯敦指挥中心的问题时，突然吃惊地说：“这些东西大得惊人。天哪，简直难以置信！我要告诉你们，那里有其他的宇宙飞船，它们在月球上，排列在火山口的另一侧，它们在注视我们。”信号在这里突然中断。之后，美国宇航局封锁了消息，既不进一步说明宇航员看见了什么东西在注视他，也不否定宇航员当时说过的话。以后，宇航员斯科特和艾尔文乘坐阿波罗 15 号宇宙飞船再次登上月球，休斯敦指挥中心收听到发自月球的一个陌生的信号，先是一声很长的哨声，随着声调的变化，传出了由20个字母组成的重复多次的话。这陌生的语言立即中断了在月球上的宇宙飞船同指挥中心的一切通讯联系。迄今为止，对于这些异常信息还没有具有说服力的解释。苏联的宇宙飞船“礼炮6号”上的宇航员则宣称他们遇到了外星人，说，一个银色圆球体飞行器悄悄地飞进了“礼炮6号”太空船的轨道，开始和它并行。最初24小时，飞行器始终同太空船保持1千米左右的距离。第二天，这个飞行物突然飞近，在相距200米时，苏联宇航员通过望远镜看到，飞行体共有24个窗口和3个较大的圆孔，透过圆孔看到了3个同人类差不多的面孔。后来，飞行体越飞越近，最近时仅距3米。宇航员将这3个外星人看得十分清楚。他们鼻梁挺直，浓眉大眼，只是他们的眼睛比人类的大两倍以上，面部没有表情，皮肤呈棕黄色。一名宇航员拿起导航图向外星人展示，外星人也拿出一张导航图向宇航员展示，导航图上面绘有太阳系。另一名宇航员竖起大拇指向外星人示意，外星人也作同样表示。第三天，宇航员看到外星人离开飞行器在太空漫步。他们不穿太空服，也不佩戴呼吸器。第四天，飞行器消失在太空中。

这些是外星人存在的一些蛛丝马迹，而流行在多贡人中的传说里，则有生命“天书”作者是外星人的直接说法。1930年，居住在非洲的多贡人曾对法国的人类学家说，他们遇到了来自天狼伴星的外星人，向他们传授了关于这颗神秘的星球的知识，告诉了他们居住在这颗星球上的外星人的情况。他们说，天狼伴星是神创造的，是一切灵魂的产地和出发点。灵魂在那里以一种复杂的螺旋运动产生出来。令人惊诧莫名的是，过着洞穴生活，十分落后的多贡人所叙述的关于天狼伴星及其他天文知识，后来绝大多数为天文学研究所证实，而文化如此落后的民族如无神助，是不可能具有这些高深的知识的。比如天狼伴星是一颗白矮星的知识，是现代天文学家才发现的，多贡人却早已知晓。而灵魂是以一种复杂的螺旋运动产生的知识，与生命“天书”的螺旋形结构何其相似乃尔！

当然，以上种种现象和传说，还不足以得出生命“天书”的作者就是外星人的结论，外星生命和外星人是否存在都无定论，遑论其他，科学终究是凭证据说话的。

目前，关于谁是生命“天书”的作者，比较有说服力的还是基因的自然突变说。这也是一种“自然神”理论。这种理论是建立在生命“天书”复制过程中出现偶然错误基础上的。复制中，由于错别字的出现，改变了生命“天书”中表达的信息，导致新的生物类群的出现。如果这些新的生物类型能够适应环境，就能保存并繁衍下去。有人据此推算出物种起源和发展的分子进化树和分子起源谱。这些谱系得到了部分古生物学的证据。但是，据此便断定生命“天书”的作者便是这些“自然神”；生命“天书”是因为这些“自然神”神经错乱，用错别字胡乱画出来的，似乎也有点牵强附会。

因此，寻找生命“天书”作者的探索还远远没有结束。笔者在这里只介绍人类寻找生命“天书”作者已做过的一些探索，抛砖引玉，希望21世纪生命之谜的后来探索者能完成寻找生命“天书”作者的任务。

观察与思考

实验题目：蚯蚓神经系统敏感性实验

你需要准备

(1)从泥土中挖出一条蚯蚓。

(2)酒精一小瓶。

(3)一点棉花。

(4)湿纸巾。

实验步骤

(1)将蚯蚓放在湿纸巾上。

(2)将棉花蘸上酒精在蚯蚓头部附近晃动(注意：酒精球不能直接接触蚯蚓身体，下同)，观察蚯蚓的反应。

(3)将棉花蘸上酒精在蚯蚓尾部附近晃动,观察蚯蚓的反应。

(4)将棉花蘸上酒精在蚯蚓中间晃动,观察蚯蚓的反应。

观察步骤

(1)蚯蚓的头、尾、中节对酒精的反应有何异同?为什么?

(2)蚯蚓与人有相同点吗?

(3)蚯蚓与人有亲缘关系吗?

参考答案

(1)蚯蚓的头部有脑(咽上神经节),通过腹神经链一直延伸到尾部,由于蚯蚓全身都布有能对外界刺激做出反应的链状神经系统,因此,酒精球不论是在头部、尾部还是在中间晃动,蚯蚓都会产生逃跑的反应。

(2)有。比如,同为动物,都有神经系统、血液循环系统、消化系统等。

(3)有。人是脊椎动物的一种。脊椎动物是由无脊椎动物演化而来。蚯蚓是无脊椎动物,与人曾有过共同的祖先,是人类的亲戚。

思考

先有鸡还是先有蛋?

参考答案

(1)先有鸡后有蛋。按照拉马克获得性遗传的学说,鸡最近的祖先发生变异,变成鸡以后,鸡将其获得的变异特性储藏在蛋中的遗传物质上,蛋再孵鸡,鸡又生蛋,代代相传,鸡这种物种便形成了。但是,生物学的发展,对拉马克获得性遗传的学说进行了修正,认为,只有那些影响了基因的变异才能遗传,而那些因后天原因形成的变异,未影响基因的改变,在生命“天书”中没有记载,这样的变异便不能遗传。比如,人通过后天锻炼获得的发达的肌肉就不能遗传给后代。儿子自身不努力锻炼身体,便不可能自然而然拥有似父亲一般发达的肌肉。因此,先有鸡后有蛋的说法可能失之偏颇。

(2)先有蛋后有鸡。鸡最近的祖先在复制生命“天书”过程中发生了错误,这种错误恰巧形成了后来的鸡的特性,位于蛋中的小白点儿上的生命

“天书”上记录了这些错误。不是鸡的祖先生下这只蛋后，孵蛋时按生命“天书”中的错误信息，孵出了有别于生蛋的鸡的祖先的鸡。鸡再生蛋，蛋再孵鸡，于是，有别于鸡的祖先的新物种——鸡便形成了。

（3）鸡物种是外星人设计制造出来的。设计的程序可能是先生产出鸡，让鸡下蛋，也可能是先生产出蛋，然后在机器里孵蛋。先有鸡还是先有蛋全凭外星人设计时的兴趣。

你从哪里来？

你有了前面两章里关于生命“天书”的知识以后，就可以参与穷究物理，探讨你从哪里来的根根底底了。

从妈妈的肚子里钻出来

“我是从妈妈的肚子里钻出来的”，这是最方便的回答。然而，如果追问你一下，你是怎么钻进妈妈肚子里去的，你就不太容易说得清楚了。你钻进妈妈肚子里的过程简单而复杂。首先，爸爸将一种叫“精子”的东西放进妈妈的肚子里，再钻进妈妈肚子里一种叫“卵子”的东西里，结合成“受精卵”。于是，妈妈受孕怀胎，你便在妈妈肚子里诞生了。经过在妈妈肚子里不断长大，“十月怀胎，一朝分娩”，你或者从妈妈的正常产道钻出来，或者由医生动剖腹手术，从妈妈的腹中取出来。就这么简单。

如果将你变成人的过程和你在妈妈肚子里的细微变化说给你听，不仅复杂难以理解，还会吓你一跳。你为什么非要有爸爸妈妈，缺一不可，否则难以变成人呢？原来，爸爸放进妈妈肚子里的“精子”中，有一套决定你今后“生老病死”的生命“天书”；妈妈肚子里的“卵子”中也有一套决定你今后“生老病死”的生命“天书”。生命“天书”的作者安排这两套“天书”在妈妈的肚子里“珠联璧合”，成为“受精卵”。于是，两套“天书”竞相发出生命信息。哪一套

“天书”的信息更强烈、优秀,便按照哪一种信息长出我们的眼睛、鼻子、耳朵。我们便有了或者像妈妈,或者像爸爸的五官、四肢、头脑。在大多数情况下,我们总是综合了父母的优点,成为强壮聪明的后代。而在父母是近亲结婚等特殊条件下,父母的生命“天书”中决定你的某一器官的生命信息均很弱小而不正常,你就会把父母的弱点,甚至父母身上并不显露,而是隐蔽的祖先的弱点暴露出来,使你一诞生便体弱多病,甚至残疾,比如色盲、豁嘴等。其实,父、母的精、卵细胞中,甚至身体细胞中,都包含了变成一个人的全部生命信息,生命“天书”的作者安排了人类必须通过精卵结合的有性生殖过程才能生育后代,是别具匠心的。它采取了自然界中无处不在、促成进步的竞争机制,以保证人类的后代不退化变质,使人类千百万代代代相传,生生不息。

你在妈妈肚子里长大的过程中,还有一些变化会使你惊诧不已。你在妈妈的肚子里,有一段时间根本就不像人。像什么呢?最初,是像红珊瑚一类的腔肠动物;以后,变得像海参一类的棘皮动物。受精卵经过1个月的生长发育,胎儿比受精卵大了1万倍,但仍不像人,长1厘米,有头有尾,像1条小鱼儿。用显微镜观察,已能看到眼、耳、口、鼻。你在妈妈肚里长到2个月,才开始像人了:体重2克,身长2~3厘米,头和躯干各占一半。你在妈妈肚子里长到3个月,已能分辨是男是女,体重约20克,长约9厘米,头部占1/3,已有手指甲和脚指甲,两眼闭着,有声带、双唇和突出的鼻子,额头高高。以后,你在妈妈肚里继续生长6个多月,便长成一个长约50厘米,体重3000多克,头发长2~3厘米,皮肤粉红光润,手脚肌肉发达,内脏和神经功能健全的婴儿,破腹而出,降生到世界上来了。

观察与思考

观察题目:观察你的五官和身材哪些地方像爸爸,哪些地方像妈妈,想一想为什么会这样?

你需要准备

(1)一张纸。

（2）直尺。

（3）铅笔。

（4）用直尺和铅笔在纸上画如下表格。

观察表 年 月 日

项目	爸爸	妈妈	我
鼻子的形状			
眼睛的形状			
眉毛的形状			
嘴巴的形状			
脸庞的形状			
结论			

观察者签名：

观察步骤

（1）请爸爸面对你坐下，向他讲清你的意图，依次观察他的鼻子（高鼻、矮鼻、鹰钩鼻，还是蒜头鼻）、眼睛（大眼、小眼，双眼皮、单眼皮，凤眼还是鼠眼）、眉毛（浓眉、淡眉，柳叶眉还是横眉、倒竖眉）、脸庞（圆脸、方脸、长脸、瓜子脸、鸭蛋脸、国字脸还是马脸）的形状，并做好记录。

（2）请妈妈面对你坐下，向她讲清你的意图，依次观察她的鼻子、眼睛、眉毛、脸庞的形状，并做好记录。

（3）你面对镜子坐下，依次观察自己的鼻子、眼睛、眉毛、脸庞的形状，并做好记录。

（4）比较你和爸爸妈妈的鼻子、眼睛、眉毛、脸庞的异同，哪些地方像爸爸，哪些地方像妈妈？

思考

我们是否非要有爸爸、有妈妈，才能来到世界上？

参考答案

(1)不。今后用人的身体细胞,采用克隆技术,便能产生既无爸爸,又无妈妈的“克隆人”后代。

(2)只要妈妈,不要爸爸就行。采用植物界的“孤雌生殖”技术,用妈妈的卵细胞直接繁衍后代。

(3)只要爸爸,不要妈妈就行。采用类似于“克隆动物”的技术,用爸爸的精子直接繁衍后代。

(4)不行。违背天意,违反大自然优胜劣汰的竞争法则,淘汰人类有性生殖的先进技术,倒退到无性生殖时代,对人类的生存繁衍不利,是十分愚蠢的。

记事卡

受精卵:雄性动物的精子与雌性动物的卵子,通过有性生殖过程结合在一起产生的下一代动物的胚胎。

(1)有小白点儿的鸡蛋是受精卵。

(2)人刚诞生时的胚胎是受精卵。

始祖人及其祖先

也许你会问:“我是爸爸妈妈的儿子,那么,爸爸妈妈又是从哪儿来的呢?”问题的答案仍然很简单,但又很复杂。爸爸是爷爷奶奶生的,妈妈是外公外婆生的。爷爷是爷爷的爸爸妈妈生的,奶奶是奶奶的爸爸妈妈生的,外公是外公的爸爸妈妈生的,外婆是外婆的爸爸妈妈生的。这样推下去,寻找我们的祖先人,我们可以顺利地问答100代前的祖先人,1万代以前的祖先人,甚至10万代以前的祖先人是从哪里来的。然而,推到大约15万代祖先人时,却推不下去了。因为,人类是在两三百万年前才出现的。以20年传1代计,最多15万代前就中断了。我们不知道地球上第一个男人和第一个女人是从哪里钻出来的。

虽然《圣经》上说得明明白白，世界上的第一个男人叫亚当，第一个女人叫夏娃，都是神耶和华按照男神和女神的模样儿用地球上的原料造的，他们就是众生之父和众生之母，但由于缺乏证据，科学家不相信这是真的。科学家们崇尚达尔文的生物进化论。根据生物进化论，人类的始祖应该是接近人类的一种较人类低等一些的灵长类哺乳动物。为了证实这一点，古生物学家进行了艰苦的努力。目前，最早的人属化石是在埃塞俄比亚发现的，距今约300万年。然而，有的科学家认为，人类的始祖至今还没有发现。既然人类始祖还没有真正发现，那么，人类始祖的祖先不管说得多么有根据，也只能是一种还未被证实的猜测。这种猜测中最流行的一种说法是始祖人是由猿进化而来，人和猿有共同的祖先。人和猿的共同祖先生活在距今一两千万年前，分为两支向前进化，一支进化为类人猿，如大猩猩、黑猩猩等，一支统称为“拉玛猿”的进化为人。拉玛猿身高1米左右，能直立活动，会利用天然工具取食与御敌。它们是从猿到人过程中的早期代表，生活在距今1400万年至600万年以前。

真正意义上的人类诞生是以能否熟练地制造工具为标准的。原始人从诞生到成熟大约经历了3个阶段。第一阶段是过渡阶段，统称“南猿”。在距今四五百万年前，会使用天然工具，能直立行的阿法尔南猿诞生了。而在三四百万年前，从阿法尔南猿中，进化出能制造工具的非洲南猿。非洲南猿中的一支叫粗壮南猿的，由于只能素食而遭灭顶之灾，另一支杂食叫能人的原始人类，则由于会熟练地制造石器，喜肉食而繁衍了下来，在300余万年前宣告了始祖人的诞生。始祖人从学会制造石器，到学会用火，实现了一次质的飞跃，被称为“直立人”，以我国发现的北京猿人化石和爪哇直立猿人化石为佐证。直立人有较大的脑量，较完善的直立姿态，较发达的语言功能。之后，直立人发展为智人，智人与现代人的面貌已无重大差别。智人逐渐学会人工取火，大量使用矛、弓箭、石球等组合工具，缝制衣服,构筑房舍,逐渐取得了生存和发展的主动权,走向五大洲,最终创造了人类独有的物质文明和精神文明。

观察与思考

观察题目:到动物园去观察黑猩猩等动物与人有何异同

你需要准备

(1)一个夹子。

(2)一支铅笔。

按下表制订好表格。

观察表　　　　年　月　日

项目	黑猩猩	猴子	鸵鸟	龟	蛇	蜥蜴	鳄鱼	鲨鱼	其他动物
五官(眼、耳、鼻、口、牙)									
头(形状、脑量大小)									
脸庞(形状是否被毛、有无表情等)									
四肢									
动物的行为(能否直立行走、制造工具等)									
结论									

观察者签名:

观察步骤

(1)依次观察动物园的各种动物,重点观察与人亲缘关系近的灵长类哺乳动物如黑猩猩、猴子等,并仔细比较:

头部:眼、耳、鼻、口、牙与人有何异同?面部有表情否?面部有毛否?脑部与人比较谁的容量更大?有头发否?毛色和毛质与人有何异同?

四肢:能否直立行走?体毛与皮肤与人有何异同?手、脚与身长的比例与人有何异同？手指及脚趾与人有何异同？手掌、前臂、后臂长短比例与人有何异同？脚掌、小腿、大腿长短比例与人有何异同？

行为：有无感情表示？能否利用天然工具获取食物？能否自己制造工具？对自己赤身裸体有无羞耻感？

(2)将动物的形态和行为特征与自己对照，找出人与动物的异同之处。

思考

人真是由猿进化而来的吗？

参考答案

(1)是的。古生物学的证据虽然还缺乏始祖人的直接例证，但从拉玛猿到直立人，到能人，到智人，大量的化石证据和比较研究，展示了一个完整的进化系统，人类的远祖是古猿的结论毋庸置疑。

(2)不一定。既然从猿到人的证据中还有缺环，始祖人就有可能从其他哺乳类动物进化而来，比如海豚、恐龙等，古猿只不过是人的旁系亲属而已。

(3)不是的。人是由外星人制造出来的。外星人编制了生命密码，用生命密码写作生命“天书”，绘制生命蓝图，根据生命蓝图制造物种。外星人在制造物种的过程中，技术不断进步，导致了物种由简到繁，这才有了地球上物种越低等，年代越古老的事实。物种制造出来后，可以发生一些自然的变异，也遵照适者生存的自然规律，但发生物种纲目科属的大变化，非外星人亲自干预改写生命“天书”不可。因此，人是外星人在300多万年前造物的最后一个杰作。

记事卡

类人猿：哺乳纲灵长目的动物，形态构造似人，行为复杂。

(1)生长在非洲的大猩猩是类人猿。

(2)生长在非洲的黑猩猩是类人猿。

(3)生长在苏门答腊的猩猩是类人猿。

人与动物的区别

人与动物有何本质区别呢?人是一种智慧生物。何谓智慧?人的智慧分两种,一种是人的认识力,即认识自己的主观世界和客观世界的能力,包括注意力、观察力、习得力(学习能力)、想象力、思维力(逻辑推理能力)等,其中的核心是思维力,特别是创造性思维力,即发散性思维力。这一类智力,可以用智商(英文简称IQ)来测定。人类的另一种智慧是情绪智力,即对情绪的知觉力、评估力、表达力、分析力、转换力、调节力等,可以用情感智商(英文简称EQ)来测定。应该说,人的智慧便是人与动物的本质区别。否则,为什么我们将外星人又称为智慧生物呢?

然而,科学家们对这一论断不断提出挑战,用事实证明智慧不是人类独有的。在接近于人的动物黑猩猩和海豚中,发现了许多其具有智慧的证据。古生物学家是将是否会制造工具作为人与动物的分水岭的。然而,动物学家珍妮·古道尔则观察到黑猩猩制造工具的情形。她看到黑猩猩折下一根树枝,剥光上面的树叶后,用它捣开蚁巢获食蚂蚁。在非洲,科学家们还观察到,黑猩猩选择不同工具——木棒、石块敲开坚果硬壳取食的全过程。熟练使用工具敲击坚果的黑猩猩,一分钟可敲开两个坚果。科学家们还发现黑猩猩和海豚有如人类一样的创造力。有人试验,在黑猩猩面前摆上颜料和纸张,黑猩猩竟然利用各种颜料在纸上作起画来,作品连现代派绘画大师都自愧弗如。这足以证明动物是有智力的。

而以前认为只有人类才有的情感智力,也受到了挑战。事实证明,好多动物都是有情感的,犬、马、猫、海豚对人的依恋,不断发生的义犬救主、海豚救人、义马救主,动物千里寻主人的故事,可见一斑。关于乌龟恋主的故事,最多也最感人。湖北省石首市小河镇有个叫焦秀全的村民,他12岁时买了一只乌龟,在22年间,放生了8次,又8次自己爬回了他的身边。

1969年，他到300多千米外的武汉去开会，带着这只重达2.5千克的乌龟第9次在武昌桥头放生。这只乌龟，竟然用了18年时间，在浩渺长江中逆水跋涉300多千米，体重由2.5千克减到1.5千克，爬回故乡。当焦秀全从家乡的一个小酒馆买回这只背上刻着他的名字、瘦骨嶙峋的乌龟时，激动得热泪盈眶。近年来，媒体报道的牛恋故主的故事也很动人。1984年，美国佛罗里达州一个牧场主，将牛用汽车运到120千米外出卖后，这头牛竟设法逃出买主的牛栏，远涉河川，穿越高速公路，连续跋涉了20多个小时，回到主人身边。当主人看到这头遍体鳞伤，体重减轻了90多千克的牛时，真是百感交集。1987年3月31日，在我国湖南省桂阳县神牌村，也发生了类似的奇迹。一头卖出去3年的牛，几易其主后，经过长途跋涉，偷偷跑回老主人陆桂生的家。

近年来，科学家们观察到某些动物智力不俗的表现。科学家们观察到，在猴群中发生争斗无法平息时，一些中立的猴子便要发出"豹子来了"的假警报，使猴子立即结束内部纷争，一致对外。还有科学家观察到一只雌北极狐觅到食物后，不愿自己的子女分享，发出假警报将自己的子女吓跑，然后自己独享。这些显然是具有智慧的生物才可能有的行动。

不过，这一切并不能否认人同其他生物的本质区别首先是在智慧上。科学家们寻找到的有关动物也具有智慧的例证少得可怜，而且，这些例证也只能说明某些动物有低等的智慧，表现出的智商充其量接近人类婴幼儿的水平。这样的智力水平，绝不可能达到人类智慧的水准，创造出人类高度发达的物质文明和精神文明，发明汽车、电脑、宇宙飞船这些高度智慧的结晶物，书写出《红楼梦》这样伟大的著作，谱写出《英雄交响曲》这样辉煌的乐章。动物的情感智商也是很低的，它们不会用亲吻来表达感情，更不懂得爱情为何物，不具有如人类一般复杂的感情世界。

人类与其他动物还有一个重要区别，那就是高度的社会化。有人用蚂蚁"社会"来反驳这一说法。蚂蚁"社会"是一个由蚁王统治、等级森严的社会，它们能雇佣奴隶，组织军队，建造起自己居住的城市，甚至蚁王还可以利用自己的权力来控制生育。然而,蚂蚁“社会”绝不可能如人类社会一样不断发展,对全社会的每一个人有高度的约束力,因为人类社会是建立在用人的智慧创造的物质文明和精神文明的基础上的。人类与其他动物另一个本质区别是,人类有高度发达的语言功能。虽然有鹦鹉学舌人语,可以教会大猩猩、黑猩猩、长臂猿学会使用手语的例证,但一点不能遮掩人类发达的发音语言系统的光辉。只有一则关于猫会讲俄语的报道,使我们开始怀疑是否人类太低估了动物的语言能力。这件事是莫斯科大学动物行为心理学家杜巴切科医生披露的,应该有一点可信性。在莫斯科有个叫伊凡诺娃的女士,养了一只叫“唐斯科将军”的猫,一养就是20多年。当她养到第10年的时候,有一天,伊凡诺娃准备带“将军”去坐火车,将它放入一个密封的篮子里。“将军”显得很不高兴,突然用俄语讲了一句威胁的话:“你小心点!”把伊凡诺娃吓了一跳,不相信这是真的。可是,从此之后,“将军”从伊凡诺娃及电视中学会了越来越多的俄语,可以说100多个单词,最喜欢说的单词是:“我想吃东西”“我想出去走走”“多谢”等。杜巴切科医生研究并证实了这一现象后,说:“这是我遇到的最不可思议的事情。最初,我是极度怀疑这件事的。可是,事实让我不得不相信,这只猫确实懂得用俄语讲话,并与人类沟通思想。”

最后,也许并非最不重要的,人体结构中的美,人体脑容积之大,容纳的信息量之多,都是其他动物无法比拟的。而人类独有的羞涩,迫使人给自己蒙上了一层遮羞的面纱,让异性感受到对方无与伦比的胴体美和神秘。动物是绝不会因为自己赤身裸体而害羞的。人类爱好清洁、秩序,大、小便要上洗手间,也不是不值一提的优点,动物是不会造茅厕的。

观察与思考

实验观察题目:蜘蛛结网观察实验

你需要准备

(1)喷雾式彩色油漆1罐。

(2)发胶1罐。

(3)宣纸或其他图画纸若干张。

(4)剪刀1把。

观察步骤

(1)春夏的早晨,选择几处蜘蛛已离开的蜘蛛网,待蜘蛛网上的露水干后,喷上油漆。

(2)将发胶喷在宣纸或其他图画纸上,并立即往蜘蛛网上贴。

(3)待宣纸或其他图画纸及蜘蛛网干燥后,用剪刀剪断蜘蛛网,保存起来。

(4)多制作和保存一些蜘蛛网,特别是同一只蜘蛛多次结的网。

(5)观察与思考:

你将同一只蜘蛛结的网比较,你会发现每次结网的图案都是一模一样的,而不同蜘蛛结的网则图案不同。这说明,蜘蛛结网的图案是先天带来的,在蜘蛛的生命"天书"上有如何结网的信息。

将蜘蛛网图案与人手工编织的丝绸毛毯工艺品比较,除了工艺品上的图案较精致以外,更本质的区别是:蜘蛛虽然有织出美丽而有规则的蛛网的能力,但只是一种本能,而人类是用智慧编织图案的。

思考

人和动物最本质的区别是什么?

参考答案

(1)手脚分化,直立行走,会制造工具。

(2)智商特高。

(3)有情感,情感智商特高。

(4)创造性思维能力,使之创造了人类的物质文明和精神文明。

(5)高度社会化。

(6)发达的发音语言系统。

(7)羞涩,为人类独有。

(8)人体美,无与伦比,最丑的人也要比最漂亮的动物美。

(9)脑量特别大,特别是大脑中储藏的遗传信息量达到200亿比特(一种信息量度量的单位),相当于4000册500页标准书所含信息,为其他动物所不及。更为重要的是,人储藏在大脑中通过后天学习获得的非遗传信息量可以达到10万亿到100万亿比特,相当于400万~4000万册500页标准书所含的信息量。人类借助庞大的非遗传信息建立的知识库,创造了科学和文明,发明了“体外知识”——文字、书库、信息库,使人类可能获取的信息量越来越大,这是其他任何动物望尘莫及的。这才是人类与其他动物的本质区别。

始祖人的祖先——海豚?

既然始祖人是何模样尚难确定,那么,始祖人的祖先的答案除了古猿之外,还有其他的可能。最近,有人提出了人是由海豚进化而来的假说。海豚与人有许多相似的地方。它与人同为哺乳类动物,同样有肉食的习性。雌性海豚有乳房一对,同人一样,用母乳哺育后代。它有如人一样的前肢,虽生活在水中却用肺呼吸。科学家们发现,海豚是一种最接近人的智慧生物。20世纪60年代,动物行为学家们发现,海豚能自编表演节目。当研究人员用鲜鱼来鼓励海豚表演未经训练的动作时,海豚又翻、又转、又跳,全是自创的新招! 1964年,一艘叫“南洋丸”的日本渔船在海上作业,触礁沉没,6名船员葬身海底,4名船员在海面上挣扎求生。就在这千钧一发之际,两条海豚飞快地游来,将幸存者驮在身上,运往岸边。海豚救人的例子不是个别的,世界上还有很多起这样的例子,动物园里特辟了海豚救人的表演节目,以向世人宣扬海豚的这一美德。在新西兰惠灵顿的海岸上,有一个海豚的雕塑像。这是为了纪念一只名叫“戴克”的海豚,雕塑像下还有记载“戴克”业绩的铭文。1871年盛夏的一天,一艘叫“布里尼尔”

号的船正在穿行新西兰水域中一段危险的海峡，却突然大雾弥漫，迷航了。正在船员们手足无措之际，一只海豚出现在前面，翻腾雀跃，示意船只跟着它。船只试着跟随海豚航行，居然穿过朦胧的迷雾和霏霏细雨，顺利地通过了海峡。以后，这只被船员们亲切地称呼为"戴克"的海豚，志愿充当领航员，为船只持续服务达41年之久。在"戴克"领航期间，从未发生船只触礁事故，当地政府为此发布了保护"戴克"的特别命令。1912年4月，"戴克"神秘失踪，令当地人唏嘘不已。这些事实是海豚有超越一般动物智力的佐证。

海豚的情感智商也较高。它喜欢有选择性地与人交友。1956年春，在新西兰滨海浴场传出一则海豚与人交友的佳话。一只海豚喜欢游来与一群孩子玩水球，但它特别喜欢这群孩子中一个叫贝克尔的女孩。只要贝克尔一下水，海豚就会离开正在玩水球的孩子，游到贝克尔身边，接受她的抚摸，托着她到深海去玩。而其他孩子要骑着它游玩，它就会把他们摔下来。它只对贝克尔唯命是从。1965年，苏格兰福思海湾也出现了一只择友的海豚。它在与一群快艇和冲浪艇运动员的交往中，只与一个叫斯文森的女孩相好。他们之间的友谊维持了数月之久。海豚并不是只跟女孩交朋友，在维苏威火山附近的海边，有一个少年与一只海豚交了好几年的朋友。每天早上，这个少年在海边一喊海豚的名字："田玛"，"田玛"便立即游到岸边，

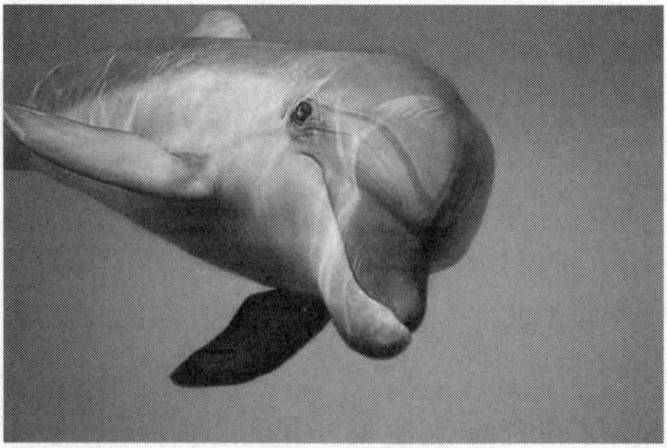

托着少年游到少年读书的学校,傍晚再把少年送回来。这种择友的情感智力,多么与人相似!

海豚表现出的与人相近的智力水平和品格,常使人想入非非。特别是人与海豚一样,有光滑少毛的美丽皮肤,是否将海豚视为始祖人的直接祖先,比用毛茸茸、野蛮丑陋的古猿作为始祖人的直接祖先,更合理,更易为人接受呢?

美人鱼的传说更为人的直接祖先是海豚的假说披上了迷人的面纱。美人鱼的传说,古已有之。稀奇的是,在科学高度发达的最近10多年里,发现美人鱼的报道又多了起来。1979年,苏格兰教师威廉·马龙在海边散步时,突然看到海中露出一个女人裸体。她有很长的褐色头发,额头浑圆,面孔丰满,眼、耳、鼻、口,都和女人一样,还有对丰硕而漂亮的乳房。当她浮在水面上时,威廉看到她有一条鱼尾,同传说中的美人鱼一模一样。美人鱼在水面上浮游了四五分钟才消失。无独有偶。1988年4月,一个叫佐治·尼巴的渔民,在亚马孙河口打鱼时,网到了一条美人鱼。它的上身像个女人,下半身则像一条海豚,容貌十分美丽迷人。这条漂亮的美人鱼还会说话,类似人类的语言。由于当地人对美人鱼十分敬畏,加上美人鱼又如此楚楚动人,渔夫竟放弃了获得宝贵标本的机会,将它放了。美人鱼为了表示感谢,在渔夫的船周围游了很久,才恋恋不舍地离去。而挪威人类学者莱尔·华格纳博士也证实美人鱼的下身不像鱼,而像海豚。他说,在新几内亚,有几十个土人目睹了美人鱼的出现。他们众口一词,说美人鱼的头和上身与女人一样,披着长长的头发,肌肤十分光滑,下身像海豚。美人鱼是不是始祖人的祖先的同胞姊妹留下的后代呢?

观察与思考

实验观察题目:兔解剖实验及兔、人器官比较观察

你需要准备

(1)请爸爸或妈妈买一只用于烧菜的活兔。

(2)小刀一把。

(3)按下表准备观察记录表：

观察记录表 年 月 日

项目	兔	人
头		头脑发达
五官		五官端正
齿		有门齿、犬齿、臼齿
四肢躯干		手脚分开、直立行走
皮肤		细腻光滑、少毛
脸庞		无毛、长圆美丽
表情		有表情肌、表情丰富
心脏		分隔为左右心房、心室等四室
膈		膈将胸腔和腹腔分开
肺		由肺泡组成
胃		有
肠		分大肠、小肠
阑尾		有
盲肠		有
脚掌		掌上生有五指
脑		发达有沟回
排泄孔		有
生殖孔		有
乳头、乳腺		有
结论		

观察者签名：

实验观察步骤

(1)对活兔进行外形观察：比较兔的头、五官、四肢、躯干、皮肤与人有何异同？做好记录。

(2)请爸爸妈妈或厨师宰杀兔子后，按你的要求，帮助你做下列解剖，你做好观察记录。

☆解剖观察心脏：是否同人一样，分为四室（左心房、左心室、右心房、右心室）？

☆解剖观察膈：是否同人一样，有肌肉型的膈，将体腔分隔为胸腔和腹腔？

☆解剖观察肺：是否同人一样，具有很多的肺泡？

☆解剖观察生殖系统：是否有乳腺、乳头、子宫等，肛门和生殖孔是否单独开口？

☆解剖观察脑：是否如人一样发达，有否沟回？

☆解剖观察消化系统：是否如人一样有舌、齿、食管、胃、脾、胆、小肠、大肠、盲肠、阑尾？

☆解剖观察前肢：是否如人一样脚掌上有五指，前肢由肱骨、桡骨、尺骨、腕骨、掌骨、指骨组成？

(3)观察与思考提示。

◇因兔与人均为哺乳类动物，亲缘关系很近，因此，人同兔有许多共同点，比如同为胎生哺乳，大小脑较发达，心脏分隔为左右心房、心室四室，有肌肉型的膈将体腔分隔为胸腔和腹腔，排泄孔与生殖孔单独开口于体外等。

◇因兔与人属哺乳动物中的不同类群，兔是齿类动物，人是灵长类动物，因此，人与兔有许多不同的特征，比如人的大脑比兔发达，有很高的智慧；人的手脚分开，能直立行走；人的脸部无毛，有表情肌，会表情，兔子无表情肌；人有犬齿，兔无犬齿等。

思考

兔可不可能进化为人?

参考答案

(1)不可能。

(2)部分可能。在人的干预下,将人的某些器官的基因输入兔的生命“天书”中,兔的某些器官的功能就能达到人的水平。最近,科学家已在与兔同为啮齿动物的小白鼠身上种植人耳,小白鼠长出了人耳就是此说的佐证。

(3)可能。只要人类愿意,将人的生命“天书”中的信息全部输入兔的生命“天书”中去,兔就立即进化为人,并可能某些器官的功能还强过人,比如奔跑、对草的消化功能等。

记事卡

哺乳动物:最高等的脊椎动物,主要特征是用乳汁哺育后代,心脏分四室,脑发达,体温恒定等。

(1)猪是哺乳类动物。

(2)鲸鱼是哺乳类动物。

(3)老鼠是哺乳类动物。

(4)人是哺乳类动物。

爬行动物:陆生脊椎动物,主要特征是卵生,体内受精体外孵化,卵有革质形卵膜;胚胎时期有羊膜保护;体外有角质膜或角质板保护;全靠肺呼吸,心脏两心耳一心室,心室出现不完全的隔膜;体温不恒定等。

(1)龟是爬行类动物。

(2)蛇是爬行类动物。

(3)蜥蜴是爬行类动物。

(4)鳄鱼是爬行类动物。

始祖人的直系亲属

按照一般的说法，人的直系亲属系统为灵长类的古猿。古猿的直接祖先是一种体小如鼠的原始哺乳类动物。原始哺乳类动物的直接祖先是爬行动物中的一种。爬行动物的直接祖先又是谁呢？爬行动物是从古代两栖类动物进化而来。在2亿多年前，地球的环境发生了很大的变化，一部分地区变得很寒冷，一部分地区又变得十分炎热而干燥，大片地区成为沙漠。这时，爬行动物从两栖类动物中脱颖而出，身被厚角质板，能防止水分过多蒸发；蛋被坚固的革质蛋壳，能防止蛋中水分丧失的爬行动物大量繁殖起来，取代了两栖类的地位，统治了地球。一时间，地面到处爬行的是长达10余米的恐龙，在空中飞行的是翼龙和翼齿龙，在水中遨游的是鱼龙。

两栖类动物的现代代表是蝾螈、大鲵(娃娃鱼)、蟾蜍、青蛙、林蛙、树蛙等，起源于3亿多年以前。那时，由于地壳强烈运动，陆地大量上升，气候发生了很大变化，地面上出现了干旱现象。同时，巨大的木贼、石松等乔木状的木本蕨及种子蕨，沿着广阔的沼泽和淡水河岸生长繁殖，大量的枯枝败叶落入水中腐烂，造成水中严重缺氧，还有一些河流湖泊干涸无水，造成了鱼类的大量死亡。这时，只有一种鱼类发生了变异，有特殊器官的总鳍鱼类生存了下来。总鳍鱼类既有供在水中呼吸的器官鳃，又有可以直接进行大气呼吸的肺和鼻孔，适应了当时特定的环境生存了下来，发展成两栖类动物。总鳍鱼类，便成为两栖类动物的共同祖先，这一点已得到古生物化石佐证。总鳍鱼类是鱼类中的高级类群。

原始鱼类出现在4亿多年前，到3亿多年前是鱼类广泛分布和繁盛的时代。最初的鱼类是在大陆淡水中出现的，以后才有部分鱼类迁移到海洋中去繁衍。古鱼类又是在5亿多年前由高等无脊椎动物演化而来。无脊椎动物的演化经历了7亿多年。从13亿年前原生动物出现，历经古两侧对称动物，与海参、海星同类的古棘皮动物，没有脊椎和脑袋的原始无头类脊索动物，原始有头类动物，古有颚类动物，直至出现古鱼类。上述动物均是人类的直系亲属。原生动物的祖先则是原始单细胞生物，这个过程经历了漫长的20多亿年。在30多亿年前，才出现了细菌、蓝藻一类的单细胞生物。目前发现的最早的生物化石，是在非洲南部32亿～31亿年历史的地层里发现的。这是一种结构非常简单的细菌化石。而单细胞生物的祖先则是无细胞结构的核蛋白体。据推测，生命的孕育，大约是在40亿年前开始的。在35亿～34亿年前，核蛋白体出现，生命诞生。但至今还没有生命起源的实证。

始祖人的旁系亲属

在大约18亿年前，地球上开始出现红尘，表示地表有大量游离氧产生。这为生命的大发展创造了有利条件。经过了大约5亿年的孕育，在13亿年以前，人类的远祖——原始的有鞭毛的单细胞生物，分化成两支类别迥异的生命大军。本来，原始的有鞭毛的单细胞生物生活在水中，利用鞭毛在水中遨游。一方面，它们能从外界摄取营养；另一方面，它们又能进行光合作用，利用自然界的空气和能量，自制营养物质。从它出发，发展的第一支生命大军强化了异养功能，成为原生动物。这支动物大军最终进化为人类。而从它出发，发展的第二支生命大军，则发展了自养功能，产生了原始植物。这支植物大军，同样经历了由低级到高级的发展过程，成为现在世界上种类繁多、五彩缤纷的植物世界。植物是人类一支最庞大的旁系亲属，它们在13亿年以前，同人类是一家子。

植物与动物的本质区别是什么呢？那就是植物营自养生活。植物，包括海洋、湖泊、河流中的各种藻类，山野平原上的各种苔藓、蕨类、种子植物,除了微生物中的菌类和寄生植物以外,均有能进行光合作用的叶绿素,利用太阳光能,将二氧化碳、水和无机盐,合成为有机物质。而动物主要营异养生活。也就是说,它们不能像绿色植物那样,通过光合作用自己养活自己,而只能靠吃植物或其他动物来养活自己。与这种生活方式相适应,动物的组织、器官系统就要比植物复杂得多。动物有神经系统、消化系统、排泄系统等,有敏捷的反应能力,有强有力的运动功能。动物的体形与其生存的环境,保持着高度的适应性,如鱼适于在水中潜游,鸟适于在空中飞翔,兽适于在陆地上奔跑。动物的器官之间息息相关,互相协调,保持行动的统一性。

人除了植物这支庞大的旁系亲属外,在动物中,还有许多旁系亲属。鸟类是人类在动物界中最值得骄傲的旁系亲属。鸟类和人类同起源于爬行动物。鸟类比哺乳动物的起源要晚一些,大约是在1.5亿年前出现的。鸟类与人类很接近,体温恒定,心脏四室,大小脑发达。它还有人类不及的能在空中飞翔的本领及与之相适应的流线型体形、翅膀、羽毛、中空轻盈的骨骼、肺附有气囊等。

此外,海绵动物,海蜇、红珊瑚一类的腔肠动物,虾、蟹、昆虫一类的节肢动物,蜗牛、河蚌、乌贼一类的软体动物,蚯蚓一类的环节动物,旋毛虫一类的线形动物,蜗牛一类的扁形动物等,都是人类的直系亲属在进化过程中产生的旁系,是人类的旁系亲属。

观察与思考

实验观察题目:解剖鱼观察比较鱼与人的异同

你需要准备

(1)请爸爸或妈妈买一条用于烧菜的活鱼。

(2)小刀一把。

(3)按下页表准备观察记录表:

观察记录表　　　　年　月　日

项目	鱼	人
头		头脑发达
五官		五官端正
耳		外耳、中耳、内耳
四肢躯干		手脚分开、直立行走
皮肤		细腻光滑、少毛
脸庞		无毛、长圆美丽
表情		有表情肌、表情丰富
心脏		分隔为左右心房、心室等四室
膈		有膈将胸腔和腹腔分开
肺		由肺泡组成
胃		有
肠		分大肠、小肠
鳍		无
血液		红色
脚掌		掌上生有五指
脑		发达有沟回
排泄孔		有
生殖孔		有
乳头、乳腺		有
结论		

观察者签名：

实验观察步骤

（1）对活鱼进行外形观察：比较鱼的头、五官、四肢、躯干、皮肤与人有何异同？特别注意寻找鱼的耳朵在哪里？做好记录。

(2)请爸爸妈妈或厨师剖开鱼腹后,按你的要求,帮助你做下列解剖,你做好观察记录。

☆解剖观察心脏:是否同人一样,分为四室(左心房、左心室、右心房、右心室)?

☆解剖观察膈:是否同人一样,有肌肉型的膈,将体腔分隔为胸腔和腹腔?

☆解剖观察肺:是否同人一样,具有很多的肺泡?

☆解剖观察生殖系统:是否有乳腺、乳头、子宫等,肛门和生殖孔是否单独开口?

(3)观察与思考提示。

☆因为人与鱼同为脊椎动物,是人的亲戚,因此人与鱼有许多共同点,比如有脊椎骨贯穿躯干,有大、小脑,有呼吸系统、血液循环系统、消化系统、排泄系统、生殖系统等。

☆人与鱼类亲缘关系较远,有许多显著的不同,比如人的大脑发达,鱼的大脑很小很不发达;鱼类是用鳃呼吸,人类是用肺呼吸;鱼类有鳍和鳔,人类没有;人类排泄孔与生殖孔分开,鱼类合二为一叫泄殖孔;鱼类卵生多数在体外受精;鱼耳没有外耳、中耳,只有内耳;鱼的心脏由一个心耳、一个心室和静脉窦组成等。

思考

动物与植物的本质区别有哪些?

参考答案

(1)绿色植物有叶绿素,动物没有。

(2)植物营自养生活,动物营异养生活。

(3)植物不能说话不能动,动物能发音能动。

(4)植物没有神经没有情感,动物有神经系统有情感表示。

(5)植物没有心脏,动物有心脏。

(6)植物没有动物的消化系统。

(7)植物没有动物的排泄系统。

(8)植物没有动物的眼、耳、鼻、口。

(9)植物没有动物的血液。

记事卡

植物:是生物的一大类群,与动物、微生物一起构成绚丽多彩的生物世界。植物一般具有叶绿素,能进行光合作用,靠自养方式生活。有的学者因微生物多采取自养方式,将其一并归入植物界。

(1)水稻是植物。

(2)松树是植物。

(3)菠菜是植物。

(4)青苔是植物。

动物:是生物的一大类群,它一般不能将无机物合成有机物,只能以植物、动物和微生物为食物,营异养生活,有一系列不同于植物的摄食、消化、排泄、呼吸、循环、感觉、运动系统。

(1)海绵是动物。

(2)珊瑚是动物。

(3)昆虫是动物。

(4)人是动物。

微生物:是生物的一大类群,它们是一群体形微小、构造简单的低等生物,通常为单细胞结构,也有简单的多细胞或没有典型细胞结构的类型,一般包括细菌、真菌(酵母菌、霉菌)、放线菌、立克次体、小型藻类、原生动物等。小型藻类又常常归于植物界,原生动物常常归于动物界。

(1)细菌是微生物。

(2)酵母菌是微生物。

(3)病毒是微生物。

(4)霉菌是微生物。

生命的起源

生命起源之谜是至今未解的七大宇宙之谜之一。无生命的物质怎么会变成生命体的？要探讨这个问题,我们必须先搞清生命物质与非生命物质有什么本质区别？生命体的第一个特征是能够自我复制,不管是人,还是动物、植物、微生物,或者通过有性生殖过程,或者通过无性生殖过程,不断复制自身,繁衍后代,种瓜便能得瓜,种豆也能得豆,生个老鼠会打地洞。而非生命体却不能在自然界繁衍,种金子不能得金子,种石头不能得石头。生命体的第二特征是新陈代谢。植物通过根、茎、叶从土壤和大气中吸收水分、二氧化碳和无机物,在阳光的作用下合成有机物质,储存能量,供构建身体、繁衍后代和生命活动之用,这是同化作用;同时,植物又要将这些有机物分解,或获取能量,供生命活动之用,或构建种子,以传宗接代,这是异化作用。植物的同化作用是一种光合作用,吸收二氧化碳,排出氧气;异化作用则是一种呼吸作用,吸收氧气,排出二氧化碳。动物的同化作用是吃进食物,消化食物,排泄废物,实现生命体与外界的物质能量交换。无机物也有新陈代谢,也要与环境发生交换关系,但无机物在这个过程中遭到毁灭,如岩石的风化。而生命体则在新陈代谢中得到生存、发展。因此,生命体的新陈代谢与无机物的新陈代谢是有本质区别的。谁也不会把活物和死物搞错。活物是生机勃勃的,死物是死气沉沉的。

生命体为什么不同于非生命体,最本质的东西,还是生命体中藏有一本神秘的生命“天书”。通过这本生命“天书”发出生命信息,使生命体有了新陈代谢、生儿育女这一系列绚丽多彩的生命活动。因此,生命起源问题又回到谁是生命“天书”的作者这个老问题上。按照传统的理论,解答生命起源之谜的关键是找到构成生命密码的密码子的基本物质——核苷酸是从哪里来的？有了核苷酸，就能合成三联体生命密码子，合成由三联体密码子书写的生命“天书”——核酸。循着这个思路，科学家们从陆地、海洋、天空、天外各个方向去寻觅最初的核苷酸是从哪里来的？

最流行的学说是生命起源于大气层和海洋。一些科学家模拟原始地球的条件，进行了一系列合成核苷酸及其他有机物质的实验。实验证明，原始地球上存在的各种无机物，在原始地球上存在的各种能源——放电、快速电子流、紫外线、α射线、β射线、γ射线、X射线、火山、磁力的作用下，可能产生生物物质的前体，特别是各类核苷酸、氨基酸。目前，科学家们已经能够用核苷酸单体合成核酸，并人工合成了生命体。以这些实验为依据，科学家们推测，生命起源的过程可能是这样的：起源于大气层中的有机物，乃至组成生命物质的单体随着降雨落到地面和原始海洋中，由单体聚合成多聚体，由多聚体聚合成由核酸和蛋白质组装而成的生命体——核蛋白体，入水而成活。于是，生命便诞生了。这个原始生命，就是我们人类最古老的祖先。科学家们推测，这可能是发生在距今40亿至30亿年前的事。也就是说，从生命诞生到我们来到这个世界上，已经历了三四十亿年的漫长岁月，我们是三四十亿年前老祖宗的传人！

生命起源的第二种假设是科学家们近年来才提出来的。他们认为，合成生命的有机物来自外太空，特别是彗星。支持这一假说的证据之一，便是彗星中存在着许多复杂的有机分子，包括核苷酸和氨基酸。20世纪80年代，著名的哈雷彗星接近地球时，全世界许多观测仪器都对准了彗星。观测的结果令科学家们激动不已，因为观测中发现彗星含有许多有机物质，包括合成生命物质的前体。1997年3月，千年一遇的海尔-波普彗星从地球边上飞过，科学家们发现，这颗彗星正在喷射数以吨计的有机物，其中有合成生命物质的前体。同时，对于地球初生水之谜也有了新的线索。1997年5月，路透社报道，科学家们通过极地卫星的观测发现，宇宙不断地在向地球抛雪球，巨大的宇宙雪球正在地球上空狂轰滥炸。他们认为，地球上的初生水来自这种宇宙雨。宇宙雨形成了地球上的原始海洋。外太空来的生命前体在原始海洋中合成了生命。

根据最少的一种假说是生命起源于外星人的创造。一个唯一值得提起的巧合是地球20亿年前的一座核反应堆废墟的发现。1972年6月，在加蓬共和国奥克龙的铀矿里发现了一个古老的核反应堆。这个核反应堆是由6个区域的500吨铀矿石组成。这个核反应堆的输出功率很低，只有10~100千瓦。据考证，这个核反应堆建于约20亿年前，连续运转了50万年。联想到地球上因为生命活动释放大量氧而在空中出现红尘的时间是约18亿年前，而且，寂静的地球才从此热闹起来，生命在大约13亿年前分化成动物和植物两支大军，浩浩荡荡地占领了地球几乎所有的角落。而且，20亿年前地球上有生命存在的证据微乎其微，那一块30多亿年前有原始细菌的化石可以做多种解释。这个核反应堆会是外星人建造的吗？也许，他们在地球上生活了50万年。在这期间，他们有足够的时间创造生命，并编制出许许多多各种物种的生命“天书”，在离开地球时，留给地球作纪念。这种推想很难证实。但是，我们相信有一天，当我们地球的文明与外星文明接轨的时候，难煞了人类千百年的生命之谜终究会大白于天下。

两种实证打起仗来

“露西少女”与“平脸人”

科学家们崇尚达尔文的生物进化论。根据生物进化论，人类的始祖应该是接近人类的一种较人类低等一些的灵长类哺乳动物。为了证实这一点，古生物学家进行了艰苦的努力。1974年，美国科学家唐纳德·约翰逊在非洲的埃塞俄比亚发现了距今约350万年前的人类化石，取名为“露西少女”。这是当时发现的最古老的人类化石。2001年2月，一个叫美芙·李奇的女科学家宣布，2000年，她在“露西”故乡附近的肯尼亚北部发现了

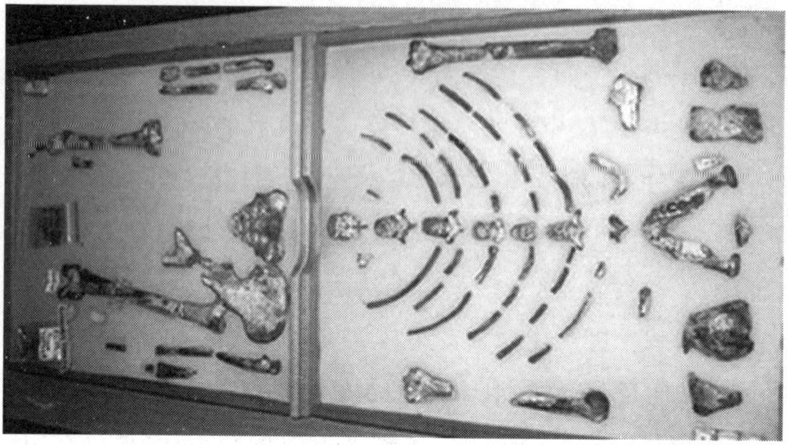

与“露西少女”同时代的人类化石。这种人类化石也生活在350万年前，但与“露西少女”是不同种类的人。他的脸部更像现代的人类。“露西”的上颚突出、下颚后退、鼻子凸出于颊骨，说明她的脸形像猿猴。而美芙等科学家发现的古人类是一种“平脸人”，即上颚、鼻子、下颚和颊骨基本上处于同一水平，与现代人类的脸差不多。

美芙等科学家的发现，将人们一直认为人类是由一种类人猿进化而来，没有分叉的理论击得粉碎。原来，在猿猴世界的末日，几种类人双足动物的一种进化成了现代人。至于现代人类究竟是从其中的哪一种进化来的，是“露西”，或是“平脸人”，或者是其他类人双足动物，至今还不得而知。在人类的进化史中，从距今800万年前到300万年前，有着几百万年的缺环，迷雾重重。可以说，人类始祖至今还没有真正发现和确定。

既然人类的始祖还没有真正发现，那么，人类始祖的祖先不管说得多么有根据，也只能是一种还未被证实的猜测。这种猜测最流行的一种说法是始祖人是由猿进化而来，人和猿有共同的祖先。人和猿的共同祖先生活在距今一两千万年前，分为两支向前进化，一支进化为类人猿，如大猩猩、黑猩猩等，一支统称为“拉玛猿”的进化为人。拉玛猿身高1米左右，能直立活动，会利用天然工具取食与御敌。它们是从猿进化到人的过程中的早期代表，生活在距今1400万年至600万年以前。

真正意义上人类的诞生是以能否熟练地制造工具为标志的。原始人从诞生到成熟大约经历了3个阶段。第一阶段是过渡阶段,统称“南猿”。在距今四五百万年前,会使用天然工具,能直立行走的阿法尔南猿诞生了。而在三四百万年前,从阿法尔南猿中,进化出能制造工具的非洲南猿。非洲南猿中的一支叫粗壮南猿的,由于只能素食而遭灭顶之灾。另一支杂食叫能人的原始人类,则由于会熟练地制造石器,喜肉食而繁衍了下来,在300余万年前宣告了始祖人的诞生。

始祖人从学会制造石器,到学会用火,实现了一次质的飞跃,被称为“直立人”,以我国发现的北京猿人化石和爪哇直立猿人化石为佐证。直立人有较大的脑量,较完善的直立姿态,较发达的语言功能。以后,直立人发展为智人,智人与现代人的面貌已无重大差别。智人逐渐学会人工取火,大量使用矛、弓箭、石球等组合工具,缝制衣服,构筑房舍,逐渐取得了生存和发展的主动权,走向五大洲,最终创造了人类独有的物质文明和精神文明。

自从2000年“平脸人”发现以后,科学家们探索人类起源的思路有了一些新的变化,一般认为,在距今800万年前,地球环境发生了剧变,全球的森林被草地取代,于是,一场大规模的物种变迁发生了。曾在1000万年间成为地球霸主,无处不在的50多种猿猴于距今800万年至700万年前突然间神秘地消失了,只剩下猩猩、大猩猩和非洲黑猩猩等极少物种。同时,一系列适应平原而非森林生活的新物种诞生了。这些新物种是发生了偶然变异,能用双腿直立行走的猿猴。这些猿猴又在几百万年适应环境的过程中派生出许多相关的种类。在约300万年前,地球上可能至少有6种不同的这一类双足动物,其中的一种也许是纯属偶然的原因,在其他双足类动物灭绝的同时,奇迹般地存活下来,成为人类的祖先。

始祖人的祖先是水猿人吗

水猿人是始祖人的祖先,是当代著名的动物行为科学家莫里斯提出的一种假说。莫里斯认为，在从猿到人的过程中，有300万年的空白没有化石证据。人类找到了700万年前的类人猿化石，后来，又找到了三四百万年前的猿人化石。300万年的缺环，使从猿到人的理论变得苍白无力。

莫里斯根据比较解剖和行为学的研究成果，提出了水猿人的理论，虽然同样没有化石证据，但也并不比其他假说逊色。水猿人理论的要点是，在那没有化石依据的300万年间，人是在水边度过的。类人猿的一支走进水中，从水中走出来，进化成人。水猿人是始祖人的祖先。

水猿人理论的依据之一是比较解剖学的，人在皮肤之下有一层显著的皮下脂肪，类人猿没有这样的皮下脂肪。类人猿的皮肤除脸部以外，全身披有长毛，而人类除头部和腋窝、阴部以外，仅有肉眼难见的绒毛，极少数人有胸毛。这使人类的皮肤显得细嫩光滑。看到人的皮肤，使人觉得人类与水生哺乳动物，如鲸、海豚、海豹等更接近，而与类人猿离得很远。

水猿人理论的依据之二是动物行为学的。类人猿是不会游泳的，而人则生下来就会游泳。现代西方人时兴将婴儿丢在水里，你根本不必担心婴儿被水淹死，也不用教他学什么蛙泳、蝶泳、仰泳，他天生会游泳。只是，人长大了，有了思维，担心自己被淹死，在水里不知如何动作，反而不会游泳了。然而，人要学会游泳并不难。只要学会了游泳，人就会发现自己游泳的本领很高，潜力很大。有的人可连续在水里游几十千米，有的人游泳速度很快。有的人还会潜泳，能潜入20多米的深水中待几分钟。这些本领类人猿难以望其项背，而水生哺乳类动物则可与之媲美。

惊人的发现：人类是20万年前一个非洲夏娃的后代

一批用最新科技成果研究人类始祖和起源的科学家，在20世纪八九十年代连续发表论文，对人类起源的时间得出了与以往传统观念迥然不同的概念，向科学界投下了一枚重磅炸弹。1987年，权威的《科学美国人》杂志发表了美国加州大学伯克利分校生物化学和分子生物学教授艾伦·威尔逊的文章。艾伦·威尔逊说："今天的整个人类都可以沿着遗传母系追溯到大约20万年前在非洲大陆生活的一个女人。”“整个人类都是一个名叫夏娃的非洲女人的后裔。”他是在研究了母系遗传的人类线粒体DNA后作出这种假说的。接着,该校一个研究小组调查研究了其祖先分别来自非洲、欧洲、亚洲、澳大利亚的147名妇女,分析了她们生产时胎盘细胞中的线粒体DNA,追本溯源,最后聚焦到一个共同的祖先。这个祖先于20万年前生活在今天非洲的撒哈拉地区,之后才分散到世界各地。

美国加州大学伯克利分校这一个研究小组的结果得到了同一大学的另一个研究小组的确证。林达·比兰吉博士组织人员调查分析了来自世界各地的189名母亲线粒体DNA的碱基排列,与黑猩猩的线粒体DNA的碱基排列做比较,做出分子进化树图。结果得出人类的始祖非洲夏娃生活在24.9万~16.6万年前的结论。这两个结论是如此相吻合,看来,生活在距今20万年前的非洲夏娃是人类始祖,铁板钉钉,毋庸置疑了。然而,古生物学家拿出的证据却说明人类的始祖至少在两三百万年前就诞生了。这都是有科学实证的结论。两种科学实证打架了,关于人类起源之谜是越研究越令人糊涂了。2001年,发现生活在350万年前的平脸肯尼亚人,与在同一地区发现的生活在350万年前的“露西少女”为不同人种,与现代人更接近。现在,还不知道,在当时有多少不同的人种,经过了如何的基因突变,最终有一种演化为现代人。也许,分子生物学的证据表明现代人的祖先诞生于约20万年前,与那些生活在50万年前(北京猿人、爪哇人)及生活在170万年前(印度人、巴基斯坦人、云南元谋人),以及生活在350万年前(平脸肯尼亚人、“露西少女”)的原始人类化石证据并无矛盾。只不过,我们现在还不知道从原始人向现代人进化的过程中还发生了哪些事情。

生命“天书”的妙用

书写生命“天书”的密码被科学家破译了。于是，全世界众多的科学家在各国政府和各种财团的支持下，开始了对各种物种体内的生命“天书”的翻译工作。在翻译工作的基础上，利用生命“天书”为人类服务。

生命“天书”的翻译

科学家们从简单到复杂，利用生命密码字典，翻译各种物种的生命“天书”。科学家们译出的第一部生命“天书”是一种最简单的生物——极小病毒。极小病毒连细胞结构都没有，蛋白质也没有。它只有一个核酸分子，核酸分子就是由4种生命密码符号写出的一部生命“天书”。极小病毒算是最微型的生命“天书”了，但也有5375个密码符号。以后，科学家们又陆续译出了一些结构简单的生物的生命“天书”。这些生命“天书”译文是十分复杂的。一个典型的单细胞细菌的生命“天书”译成用密码符号写成的文章，要写上2000页左右。如果要翻译猫猫、狗狗、老鼠这一类哺乳动物的生命“天书”，得写上100万页以上。人类的生命“天书”翻译出来，就更长了。

然而，翻译各种生物的生命“天书”，对于认识生命和改造生命来说，是一种最基本的基础工作，不管多困难，都得完成。因而，世界各主要国家，都把翻译物种的生命“天书”，特别是翻译人类的生命“天书”，当成国家战略任务来抓，集中人力财力来做。各发达国家和大国纷纷开展“人类基因组计划”，并展开竞争，美国、英国、日本之间的竞争尤为激烈。这件工作的艰巨性，是我们不曾身临其境的人难以理解的。要知道，人类的生命“天书”是由58亿个生命密码符号写成的。基因的数目也很大，初步估计有200万个，其中显著的功能性基因至少有10万个。

然而，科学家们并不为困难巨大而止步，他们设计出了许多巧妙的方法，以尽快读懂人类的生命“天书”，翻译出来为人类服务。方法之一，便是搜集人类异常基因的材料，与人类的正常基因比较，分析二者生命密码的差异，用生命密码字典为工具，慢慢读懂这部蕴含着丰富多彩生命信息的“天书”。科学家们用这种办法，已经搞清了色盲基因、肌肉萎缩症基因、眼白化基因、某些精神病基因等3000多种基因在生命“天书”中的位置，并翻译绘制出部分基因的生命密码图谱。比如，我国湖南医科大学与美国某公司合作，在1997年成功地翻译了“遗传性多发性外生性骨疣病”的第二个基因，绘制了这个基因的生命密码图谱并按这个生命密码图谱，在体外合成了这个基因。

研究人类基因，翻译人类生命“天书”，不仅会在改造人类自身上获得长远的效益，而且，它的近期效益也是显著的：医学和生物学研究需要基因克隆（无性繁殖或人工合成的基因）；常见病、传染病、遗传病的诊断和治疗需要基因；用于人畜和农作物的新药是基因工程的产物等。

21世纪是生物学的世纪。21世纪的支柱产业——基因组产业需要大量的基因。各国政府和科学家明白，每弄清一个基因，将伴随着产生一笔巨大的财富。几乎任何一家带有“基因”“细胞”“免疫”字样的公司股票均一路上涨。一场争夺人类基因资源的世界大战，正在世界各国静悄悄地进行。基因公司及其医药业合作者把目标瞄准了那些远离文明社会的土著民族。他们对这些民族的兴趣，不是他们的居住地蕴藏着黄金、钻石这类财宝，而是他们身上独特的疾病基因。这些民族由于与世隔绝，多近亲繁殖,很多带病的隐性基因容易在后代表现出来。

1993年,加拿大多伦多大学的研究人员到南大西洋的特里斯坦等3个岛上去研究当地的土著居民。这些居民是由7个家庭近亲繁衍而来,30%的人患有哮喘病。这是世界上哮喘病发病率最高的人群。研究人员从岛上的295个居民中的270名居民身上抽走了1200个血样,以提取哮喘病基因。

1994年,加拿大多伦多大学的这批研究人员又来到中国东海的南天岛上,从四代患哮喘病家族的150人身上,抽取了宝贵的血样。他们企图从这些血样的分析中,找到翻译生命“天书”中关于哮喘病基因这一段文章的诀窍,然后研制出防治哮喘病的克星。一个民族的基因资源,是一个国家宝贵的财富。面对各国科学家竞相到我国来搜集基因资源的现象,有的科学家提出,立法保护我国的基因资源,已成为一项刻不容缓的工作。这项工作的重要性,不亚于当年保护珍稀野生动植物资源。

须知,人体基因资源是很值钱的。1994年12月,纽约洛克菲勒大学宣布,他们获得了老鼠肥胖基因和人体同源片段。肥胖基因还未被授予专利即被美国加利福尼亚州的一家医药公司以9亿美元的高价买走,其中,肥胖基因的专用权即作价 2 亿美元。为了进一步证实在肥胖基因信息指令下合成了一种特殊的蛋白质就是调节人体内脂肪数量的激素,洛克菲勒大学派出研究人员,到南太平洋科斯雷克岛上,去研究当地土著人的肥胖基因,因为科斯雷克岛上居民的肥胖症发病率很高。由于现代文明病迅速发展,防治肥胖病成了许多富人十分重视的事,开发出治“肥”药必能获利,因此,很多科研机构和医药公司都看中了肥胖基因这块“肥肉”。除了洛克菲勒大学的科学家以外,早在20世纪80年代,日本的科学家就在居住在智利沿海的居民中寻找肥胖基因。1993年,一家著名医药公司的研究人员,也在美国亚利桑那州的印第安人中寻找过肥胖基因。

除了哮喘病基因、肥胖基因,科学家和医药企业还对抗艾滋病病毒基因很感兴趣。不久前,巴拿马亚古耶密的印第安人发现,他们突然成了英美科学家献殷勤的对象。虽然他们莫名其妙,但科学家们却心知肚明,世界上是没有无缘无故的爱的。原来,科学家们发现,这些印第安人虽然体内有大量类似艾滋病的病毒存在,但却从不发病。科学家们推测,他们的体内可能存在着抗艾滋病病毒的基因。要是把这种基因找到,该是一笔多么巨大的财富啊!于是,这些研究人员以给他们看病为由,抽取他们的血样,并以在血样中发现了一种子虚乌有的寄生虫需要化验为名,送往欧美。他们用这种诈骗的手法,偷取基因资源,研制出抗艾滋病的药物,并申请了专利。

中国已于1994年启动人类基因组计划。中国的人类基因组研究，一直处于世界先进行列。我国上海生化研究所的学者洪国藩,在旅英期间创造的翻译生命“天书”的新方法,引起了世界各国科学家的高度重视。1998年8月,上海传出消息,称中国人类基因组研究取得重大突破。由新黄浦集团与上海复旦大学共同组建的上海生元基因开发有限公司宣布,根据上海复旦大学毛裕民、谢毅两名教授发明的生命“天书”翻译新方法,该公司设计安装了一条“天书”翻译生产线。试机结果,该生产线已达每天翻译数个人类基因的速度。近期内,他们将再增添一些设施,达到每天翻译人类基因15个的惊人速度。据悉,我国已完成14000条基因测序,其中有1500多条新基因。目前，世界上有20多个国家的科学家联合组成的人类基因组织,耗资30多亿美元,在2005年完成了10万个功能基因的翻译工作。人类神秘的生命“天书”全文将大白于天下。这比以前预计翻译这部“天书”全文要花几代人的时间缩短了许多。我们将在有生之年读到这部伟大的著作的全文,真是三生有幸!

记事卡

病毒:一种无细胞结构的微生物,全身主要由一个记录着生命“天书”的核酸分子构成,很小,只有在放大几万倍的电子显微镜下才能看见,靠寄生在其他生物的细胞上生活。

(1)不少感冒是病毒引起的。

(2)天花是病毒引起的。

(3)乙型肝炎是病毒引起。

“天书”的妙用

我们前面已经谈到,科学家们一面翻译各种物种的生命“天书”,一面利用翻译成果,转化为商品,收到立竿见影的功效。这些功效,涉及面很广,从医药,到化工、冶金、环境保护。这些研究首先为人类带来的利益是,搞清困扰人类的遗传性疾病的原因,为消灭人类的遗传性疾病做出特殊贡献。

遗传性疾病实质上是人类生命“天书”中的一篇篇败笔。这些败笔发出的生命信息,使人产生种种不利于人类健康的疾病。这些疾病,隐藏在人体内部的关键部位,不在人的生命“天书”上动手脚,一般的药物常常劳而无功,很难奏效。人的遗传性疾病种类很多,至少在3000种以上。有人统计,在医院里的病人中,1/4的病人的病因均与遗传性疾病有关。比如,我们经常看到一种俗称“洋白人”的人。这种人患了一种叫白化症的遗传性疾病,怕见阳光。他们为什么怕见阳光呢?那是因为他们身体内的生命“天书”上,有一个原本用来指挥人体合成黑色素的基因,不知在哪一代祖先复制生命“天书”的时候,把生命密码符号抄错了,失去了合成黑色素的指令。于是,他们就患了白化症。再复制的时候,以讹传讹,这白化症就一代代传下来。要根治这种疾病,只有在人的干预下,复制下一代的生命“天书”时,用正常的能产生色素的基因将白化基因置换下来。

血友病、色盲、舞蹈症、先天性痴呆症、先天性视网膜脱落症、先天性抑郁症以及某些精神分裂症,某些癌症,都是著名的遗传性疾病。这些疾病,给人类和社会带来很大痛苦。比如,患有舞蹈症的人,一到35岁,便会准时发病，不能控制自己的动作，成天手舞足蹈，不是疯子，胜似疯子，清醒白醒地被人嘲笑，受人白眼。你说“恼火”不“恼火”？患血友病的人，受伤出血以后，血液不易凝固，伤势稍重一点，便可能血流不止而死亡，只能成天提心吊胆地生活，生怕稍有不慎给自己带来丧生之祸。你看有多“玄”！患先天性视网膜脱落症的人，一到中年，原本好好的人突然会变成盲人。你说可怜不可怜？为了根治人类的遗传性疾病，科学家们在成功地翻译这些疾病的生命密码图谱的基础上，发明了体细胞杂交疗法和基因疗法。

体细胞杂交疗法

你设想过将人的细胞与蚊子的细胞、老鼠的细胞，甚至植物的细胞进行杂交吗？也许你会认为这是既无法办到又荒诞无稽的事情。但是，随着人们对各种物种生命“天书”的深入认识，科学家们发明了一种超越物种界限的远缘杂交技术——体细胞杂交技术。本来，自然界或人类干预的物种之间的杂交，一般只能在同一物种中的不同品系之间进行，只有极少数的例子在同属生物不同的物种之间进行，如骡、马杂交生驴。而不同属、不同科，不同界、纲、门生物之间，存在着巨大的生殖屏障。要超越这种屏障，常理、常规、常法，都是不行的。在翻译生物生命“天书”的过程中，科学家们认识到，生物之间的种群差异不管多么巨大，但使用的却是同一种生命密码体系。从根本上来说，从最简单的生物极小病毒，到万物之灵的人类，其生命信息都是息息相通的，是可以交流的。在这种认识的基础上，科学家们采用人工的方法，在生长激素、各种化学药物以至病毒的作用下，使两个或几个不同来源的身体细胞在试管里强迫杂交。这种技术称为体细胞杂交技术或细胞融合技术。

应用这种技术，可以解决许多复杂的生物技术难题，其中之一便是医治人类的遗传性疾病。为什么用人与蚊子的细胞杂交可以医治人类的遗传性疾病呢？原来，人的遗传性疾病往往是因为病人体内的生命“天书”中缺乏合成某种物质的信息引起的。假如另一种生物细胞内的生命“天书”上恰好有合成这种物质的信息，让它与人的细胞融合在一起，弥补人的缺陷，岂不是就将这个人的遗传性疾病医好了？即便这种生物是蚊子、老鼠、植物，也不在乎，只要医得好人的病。

科学家们为了把这种美好的设想变成现实，做了大量实验。他们用一种患遗传性疾病的小家鼠的体细胞，同正常小家鼠的体细胞融合成一个细胞。这个细胞则是一个正常细胞。他们还成功地在噬菌体的作用下，将人的白细胞与小家鼠的细胞融合在一起，组成了一个新细胞。这些试验虽然还没有解决用体细胞杂交技术医治人类遗传性疾病的问题，但给人类带来希望。我们相信，通过科学家们持续不断的艰苦努力，困扰人类的遗传性疾病难题终将被人类解决。

基因疗法

人类通过远缘杂交治疗遗传性疾病，在病毒与人类细胞杂交中出现了曙光，与此相关的疗法叫基因疗法。1970年，美国科学家发现，有一种病毒可以治疗一种叫精氨酸酶缺乏症的遗传性疾病。这种疾病患者智力严重迟钝。1971年，德国医生为一对患者注射这种病毒，让病毒与人体细胞融合。在病毒中生命信息的指令下，人细胞产生了原本不能合成的物质。正是这种物质的缺乏，导致疾患。通过对人细胞的基因治疗，这对姊妹的精神状态明显改善，智力发育趋于正常。

1971年，美国国立精神病研究所的一个科学家，探索应用基因疗法，治愈了一种叫半乳糖血症的遗传性疾病。他们将患这种遗传性疾病患者体内缺失的生命信息——分解半乳糖基因用人工合成后，嵌入一种病毒的生命“天书”中，将这种病毒与患者细胞融合。结果，患者细胞恢复了正常功能。这为半乳糖血症患者的治疗带来了希望。

科学家们还在探索治疗一种叫苯丙酮尿症的遗传性疾病。苯丙酮尿症是一种先天性代谢缺陷的遗传病。患这种病的孩子,皮肤特别白嫩,很好看,父母视为珍宝。可是,父母很快就会发现,这种孩子智力低下,被称为“白痴”,或者“苯丙酮尿性白痴”。这样可爱的孩子患了不治之症,是个白痴,这不能不令家长伤心万分。这种病也是因为孩子体内的生命“天书”上少了一种生命信息,缺乏产生分解苯丙酮酸的物质引起的。苯丙酮酸在体内不能进一步产生黑色素的原料,致使孩子的皮肤雪白。同时,过多的苯丙酮酸流入大脑,阻碍智力的发展,使孩子成为“白痴”。要治疗这种疾病,必须要改写孩子体内的生命“天书”。科学家们正在设法,将分解苯丙酮酸的基因插入病孩的生命“天书”中,根治这种可怕的疾病。

科学家们还在研究治疗某些遗传性高血压。高血压是一种死亡率很高的常见病。科学家们用实验证明,遗传是高血压的一个重要病因。也就是说,很多高血压患者体内的生命“天书”上带有患高血压的生命信息。科学家们已确定了高血压基因在大白鼠体内生命“天书”上的位置。这种高血压基因指令产生一种引起高血压的激素。他们还发现,在同卵双生子中,要么同时得高血压,要么同时都不得。而在非同卵双生子中则无明显规律可循。这说明高血压是有先天遗传因素的。科学家们正在设法,将抑制高血压基因的生命信息插入病孩的生命“天书”中,或者,干脆将病孩体内生命“天书”上的那个可恶的高血压基因删除,彻底根除人类的高血压之患。

记事卡

高血压:一种主要由于高级神经中枢调节血压功能紊乱引起的疾病。该病严重,血压过高时,可发生心、脑、肾功能障碍,并可能因此导致死亡。

奇异的“魔法”

从人类的生命“天书”中删除或增加某个基因，叫基因手术，又叫分子手术。分子手术是人类在20世纪中最伟大的发明之一。这种手术不仅可在人体中进行，而且可在各种物种中进行。这好比一种“魔法”，正在创造出各种以前人类难以想象的奇迹。

这种被称为基因工程的“魔法”是由3个主要环节构成的。第一个环节是基因的制备。也就是说，为改写生命“天书”准备一些生命信息的片段。这些片段，主要是从各种物种的生命“天书”上翻译摘抄下来的，也可以完全是人类重新用生命密码写出来的新篇章，自然界中还不存在的新的生命信息。第二个环节是运载工具，利用某种载体将人工制备的某种基因输送到被改造的物种的生命“天书”预定的页码上去。第三个环节是用基因手术刀将指定位置上的生命密码连接处切断，将新的基因镶嵌进去，然后，用分子缝合线把生命“天书”重新连接起来。这样，一部新的生命“天书”便写成了，一个新的物种便诞生了。

经过众多科学家的努力，在20世纪70年代，建立了基因工程庞大而复杂的技术体系。他们迫不及待地开始使用这种奇异的“魔法”，改写各种生物的生命“天书”，在“朝夕”之间，创造大自然要花成千上万年时间才能形成的新物种。

紧急呼吁：禁止亵渎“天书”

1973年，以美国科学家科恩为首的研究小组，在斯坦福大学用大肠杆菌进行了基因工程的第一个成功的试验。1974年，他们又进行了一个新的成功的试验，将一种高等动物非洲爪蛙的一种基因与大肠杆菌的一种基因组合在一起，引入另一种大肠杆菌中去。结果，奇迹发生了。高等动物的基因，在大肠杆菌中得到了表达，并能一代代传下去！

科恩的试验震惊了世界，科学家们从他的实验中看到了十分诱人的前景，也感受到这种奇异的“魔法”中隐藏的危险性。首先，他们为这种“魔法”所具有的巨大优越性感到十分振奋。这种“魔法”很容易打破物种之间的界限。同时，这种“魔法”可以根据人们的意愿、目的，重新书写生物生命“天书”的新篇章，定向地改造生物的施工蓝图，甚至创造大自然中尚不存在的新的生命、新的物种，以至于改写人类的生命“天书”，干预自身的进化过程。最后，由于这种“魔法”是在生物的生命“天书”上直接做文章，创造新的生命类型的速度可以大大加快。这种种的优越性是以往的生物学技术无可比拟的。因此，科恩的这些奇迹般的成果公之于世，引起了全世界科学家的极大关注，成百上千个实验室投入了基因工程的研究。

基因工程的出现，给人类带来了美好的希望，同时，也令许多科学家对基因工程潜在的危险性产生了深深的忧虑。面对着这些潜在的危险，禁不住想起核裂变现象发现以后，继之而来笼罩了全世界近一个世纪的核战争阴影。他们不寒而栗。于是，以著名的分子生物学家伯格为首，联合了包括沃森在内的11名科学家，在1974年7月发出紧急呼吁，建议全世界的科学家延期做几项有危险性的试验，并召开国际会议讨论基因工程的安全性问题，并决定是否要禁止亵渎“天书”，停止基因工程的研究。

1975年2月，17个国家的150名代表来到美国，在加利福尼亚州的阿西洛马会议中心举行国际会议，讨论这11名科学家提出的问题。会议开得十分热闹，持不同意见的两派学者争得面红耳赤。持反对意见的学者认为，基因工程最直接的潜在危险是用来研制比原子弹还要危险的新型武器——基因武器。这种武器有什么可怕之处呢？原来，基因工程的新方法在理论上可以改变病原微生物的特性，从而制造出现有药物无法治疗的传染病病原菌，像具有抗药性的霍乱菌、鼠疫菌等。一个作家在《生物设计师的担忧和希望》一书中描述了鼠疫基因移植到耐药的大肠杆菌中去，生产的基因武器危害人类的情景："人们就像自己中世纪的祖先一样，不可避免地都要遭到鼠疫和霍乱的袭击。"

更为可怕的是，还可利用基因工程技术大规模地生产毒素。有的文献说，肉毒杆菌产生的毒素，只要25克的量，就可毒死全人类。从肉毒杆菌中分离出毒素基因转移到大肠杆菌中去，不但大肠杆菌可以直接用作战剂，而且，还可利用这种大肠杆菌直接生产肉毒毒素。如果将产生极毒毒素的海藻毒素、箭毒蛙毒素、河豚毒素的基因，转移到大肠杆菌中，让大肠杆菌来生产这些毒素，制造出来的生物战剂也是十分可怕的武器。有人设想将破坏人的生殖系统的毒素基因植入大肠杆菌，让大肠杆菌来生产这种毒素，并让这种大肠杆菌通过大气撒遍全球。人类在不知不觉中遭灭种之祸，那是一种怎样的惨状。况且，基因武器的生产成本很低，生产设施简单，经济实力不大的国家均能生产，而且很隐蔽、难于发现，被誉为"穷国的核武器"。这种武器很多国家都可以生产，容易失控对全球造成危害。面对着这种可怕的武器，有的科学家甚至认为，基因武器是世界末日的武器，要绝对禁止基因工程的研究，以杜绝这种武器出现的可能性。

持赞成基因工程意见的学者反驳说，任何事物都有有利的一面，也有有害的一面。科学实验本身就是要利用有利的一面，抑制有害的一面。火，在原始时代，人是不敢接近的。它可以烧毁森林，烧死人畜。如果没有勇敢者尝试利用它有利的一面，我们今天就只好茹毛饮血，蒸汽机、内燃机也不会有了。原子能也有有害的一面，它可以用来进行可能灭绝人类的核战争。但是，在人类能源枯竭，煤、石油、天然气资源耗尽指日可待的今天，如果绝对禁止原子能的研究，就不可能指望用和平利用原子能的手段，解人类的燃眉之急了。对待基因工程也是一样的道理。基因工程固然有它危险的一方面，同时，它也会给人类带来难以估量的巨大利益。只要人类团结起来，支持有利于人类的研究，制止不利于人类的实验，基因工程便能够造福于人类，揭开人类文明史的新篇章。

持反对意见的学者提出了另一个更加强有力、更加现实的理由，以说服其他科学家同意禁止基因工程的研究。他们担心由于遗传学知识不充分，实验设施不严密，基因工程可能给参加实验的人员及广大公众带来危害。在进行基因工程研究时，常常使用大肠杆菌这种自然界中广泛存在的细菌。人类的肠道就是很多大肠杆菌的温床。在一般情况下，大肠杆菌是无毒无害的，有的大肠杆菌对人还有益处。假若有人把产生烈性毒、致病、致畸、致癌的基因转移到大肠杆菌中去，而这种大肠杆菌不小心从实验室里逃逸出来，很容易在人和动物中繁殖、扩散、蔓延，钻到肠道中去释放毒素，那后果真是不堪设想。近年来，一种致病的大肠杆菌将日本搅得天翻地覆，便是一例。

此外，在基因工程中，还要利用一种叫质体的遗传物质作工具。有的质体是耐药性因子，可以使磺胺、抗生素等多种药物失效，要是这种耐药性因子从实验室逃逸出去，钻进各种致病菌中去，会给人类带来很大的麻烦。同时，在进行基因工程研究时，要广泛使用病毒作为工具。这些病毒有的是致癌的，从实验室逃逸出去，后果也很严重。因此，进行基因工程的研究，如果有了成就，大家都很高兴。但如果出了问题，后果也很难收拾。

持赞成意见的学者反驳道，基因工程的危险性虽然是一种现实的存在，但它同原子工业、化学工业和其他工业中存在的危险一样，是可以采取防护措施的。这些学者还提出了一些切实可行的防护办法。

真理越辩越明，正反两方面的意见互为补充，使与会的绝大多数学者达成了共识：为了科学的进步，应该进行基因工程的实验，但应该制定出实验规则以保证安全。会后，美国首先在国立卫生研究院内建立了基因工程审查委员会，并在1976年率先制定了一个较严格的基因工程实验室规则。这个规则要求进行基因工程时必须采取的物理、生物防范措施，并订出了四级实验室的水平要求。也就是说，你有那种水平的实验设施，才允许你做那种水平的研究工作。以后，世界很多国家都陆续制定了本国基因工程的实验规则。

记事卡

基因工程：一种直接在生物的生命“天书”载体——核酸上动手，以创造新的生物类型或新的生物功能的现代生物技巧。它主要由基因制备、核酸切割及基因镶嵌、分子缝合等主要技术环节组成，是生物工程学中最重要的分支之一。

(1)能预防乙型肝炎的乙肝疫苗是基因工程的产物。

(2)能治疗病毒性感染的新药干扰素是基因工程的产物。

(3)用基因工程技术能生产价廉质高的药物：人脑激素、人胰岛素等。

生命“天书”撰新篇

自从科学家们制定了严格的实验规则以后，基因工程的研究便在世界上蓬蓬勃勃地开展起来。本来，许多人以为，基因工程要成为一项有实际应用价值的技术，还是很遥远的事情。但是，从 1977 年开始，基因工程捷报频传，一项又一项有实际应用价值的成就传遍世界，震动全球。1977 年 12 月，美国加利福尼亚州希望市国立医学研究中心的板仓敬一等 4 人，与旧金山加州大学的生物物理系、生物化学系的 3 个研究人员合作，首次用基因工程的方法，生产出了珍贵的人脑激素——生长激素释放抑制激素。

生长激素释放抑制激素，是人脑分泌的一种很重要的人体激素。它抑制生长激素、胰岛素、胰高血糖素等多种激素的分泌。而这些激素若分泌过多，就会引起人的多种疾病。如果一个人在生长过程中，生长激素分泌过多，就会患“巨人症”。你不要以为人长得越高越好，须知，这种患病的巨人是很痛苦的。他们虽然长得很高，却发育不良，手无缚鸡之力，四肢都软绵绵的，苦不堪言。如果我们在“巨人”生长的早期使用生长激素释放抑制激素，就可以使“巨人”生长后期速度放缓，使之长得矮一些，结实一些，发育得正常一些。这种人脑激素还可以作为一种药物，治疗肢端肥大症、急性胰腺炎、糖尿病等与生长激素分泌过多相关的疾病。以前，提取这种药物，是用羊的下丘脑来提取的。这种提取方法，成本极高。提取1毫克的这种激素，需要10万只羊的下丘脑。这比阿波罗13号宇宙飞船把1000克的月球岩石带回地球的成本还要贵2～5倍。

用基因工程方法在大肠杆菌中生产人脑激素，是对基因工程技术体系用于实战是否可行的一次检验。这种人脑激素是在人体内生命“天书”上的生命信息指令下合成的，原本只有人体才能分泌。怎样把人脑中的这种激素基因移植到大肠杆菌的生命“天书”上去，让大肠杆菌分泌出人脑激素呢？首先，得破译、绘制人脑激素基因的生命密码图谱。科学家们经过努力，查明这种人脑激素是由14种氨基酸组成的。他们通过查阅生命密码字典，根据这14种氨基酸的排列顺序，绘制出了人脑激素基因的生命密码图谱。板仓敬一等科学家，根据这个生命密码图谱，人工合成了人脑激素基因，并成功地将其插入大肠杆菌的生命“天书”中。在大肠杆菌的这部带有人的基因的新的生命“天书”的指令下，生产出了人脑激素。这些带有人类基因的大肠杆菌，遗传性稳定，已形成自然界中原本不存在的一种全新的人菌杂交的物种！板仓敬一等用基因工程方法生产的人脑激素，价格每克仅300美元，是用羊脑法提取成本的万分之一。而且，用羊脑提取的这种激素，由于含有异种蛋白，注射到人身上会产生过敏反应；在人脑激素基因指令下生产出的人脑激素，则没有副反应。

1978年6月，从美国又传来基因工程取得实用性成果的好消息。以吉尔伯特为首的8人研究小组，成功地利用基因工程技术，生产出了鼠胰岛素。同年9月，美国加州霍普市医学中心的分子生物学家伊塔库拉宣布，用人工合成的人类胰岛素基因，插入无害的大肠杆菌体内的生命“天书”中，形成的人菌杂种生产出了人胰岛素。

胰岛素是治疗糖尿病的一种重要药物。糖尿病是一种常见多发病。全世界约有1亿人是糖尿病患者。这种患者还在以每年6%的速度递增着。

在美国，糖尿病患者达500万～600万人，每年约有30多万人死于糖尿病及其并发症，死亡率仅次于癌症和心血管病，居第三位。同时，胰岛素在临床上还用来治疗神经衰弱症。因此，胰岛素作为重要药物，需求量很大。据估计，在国际激素药品市场上，仅胰岛素每年就有100亿美元的份额。但是，胰岛素一直靠从牛、羊、猪的胰脏中提取。由于在100千克胰脏中，才能提取3～4克胰岛素，产量低，供不应求，成本也高。更为重要的是，有5%左右的病人在使用这种动物胰岛素时，要产生可怕的过敏反应。这种病人只有用人胰岛素治疗。人胰岛素只能从人胰脏中提取。这简直是不可能的事。而基因工程却使本来不可能的事变成了可能。科学家们用人菌杂交生产出的胰岛素，通过分析，这种胰岛素的化学成分与人胰脏分泌的胰岛素一模一样，完全没有副作用。而且，由于用细菌工厂大规模生产，成本很低。

1979年7月，美国加州大学和基因技术公司研究小组分别宣布了又一喜讯：用基因工程技术生产人生长激素获得成功！我们知道，“侏儒症”是由于人的脑垂体不能分泌足够的生长激素引起的。治疗“侏儒症”，不能用动物的生长激素，因为动物的生长激素对人不起作用。以前，临床上需要的人生长激素只能从人尸体的脑垂体中提取，难度可想而知。基因工程技术却使这种几乎不可能生产的产品变成轻而易举就可获得的药物。用科学家们获得的含有人生长激素基因的人菌杂种，可以在细菌工厂里规模化生产这种珍贵的药物。

1979年和1980年，瑞士、日本和美国的两个研究小组宣布了更为重大的喜讯，他们用基因工程技术，合成了病毒的克星——干扰素。

病毒是酿成流行性感冒、天花、乙型肝炎及许多严重疾病的罪魁祸首，在历史上留下了许多令人发指的血债。1802年，显赫一时的拿破仑派遣2.5万名士兵，扬帆远征西印度群岛的卡伊德岛。正巧岛上黄热病猖獗，号称战无不胜的拿破仑军队不堪病毒一击。2.3万名侵略军感染了黄热病，死于他乡，只有少数幸存者逃离了这个被死亡围困的岛屿。1828年，流行性感冒席卷全球。昔日繁华的欧洲城堡，变成了无数座寂静的城墙；往日芳草如茵的北美庄园，竖起了一个个橡树十字架；泰国古老都市的热闹非凡的通衢，一下子变得杳无人迹。在短短3个半月的时间里，流行性感冒病毒夺走了成千上万人的生命！古往今来，流感、天花、脑炎、麻疹、水痘、病毒性肝炎、病毒性肺炎、病毒性心肌炎等病毒引起的疾病在人们心目中留下了可怕的阴影，被视为十恶不赦的恶魔。

病毒是一种比细菌更小，没有细胞结构的微生物。不仅你用肉眼看不见它，就连在显微镜下也找不到它的踪影，只有在放大数万倍的电子显微镜下，才能看到它狰狞的面目。一个世纪以来，科学家们千方百计寻找对付这种恶魔的办法。他们发明了牛痘、各种疫苗，初步控制了病毒的危害。然而，就总体而言，他们还没有找到像青霉素、头孢菌素、阿米卡星等广谱抗生素那样对付病菌的“灵丹妙药”。特别是不断大规模袭击人类、变化多端的流感病毒、流行性肝炎病毒，科学家们一直未找到理想的法宝来制服。近年来，科学家们发现，当病毒感染细胞时，被感染的细胞会产生一种物质来干扰病毒的新陈代谢，从而反过来抵抗和消灭病毒。他们将这种物质提纯出来，取名为“干扰素”。

医生们用干扰素来治疗病毒性疾病，取得了意想不到的效果。1972年，美国医学委员会曾对几十名志愿参加试验的感冒病人用干扰素治疗。不出3天就有95%的病人痊愈。其余5%的人，也在7天内出院。1978年，斯坦福大学医学院对严重的水痘病患者用干扰素治疗，仅用4~6天就痊愈了。以后，试验用干扰素治疗流感、疱疹性角膜炎、肝炎等病毒性疾病成功的病例层出不穷。不仅如此，干扰素在治疗癌症上也显示出不凡的功效。1975年，瑞典的卡劳斯卡医学研究所的医生，对12名骨肉瘤患者的临床实践表明，每周注射3次干扰素，18个月后收到了意想不到的效果，所有的癌症病人都延长了寿命，癌细胞的转移减少，又无任何副作用。1978年，美国癌症学会对70名癌症病人用干扰素治疗，证实了瑞典医生的实践。于是，干扰素作为病毒的克星、有希望的治癌药物，身价倍增。

可是,尽管干扰素神通广大,却迟迟不能在临床上广泛使用。为什么这种在临床上证实疗效显著的药物,不广泛推广,造福人类呢?原来,当时干扰素的生产非常不易,原料来源也十分困难。由于干扰素是人和动物细胞产生的一种含量极为稀少的物质,提取要使用大量的人血。1979年,芬兰从4.5万升人血中仅提取出0.4克干扰素,其成本之高、价格之贵可想而知。有人估计,从人血提取的3个单位的干扰素要卖5美元,而一个癌症病人一天的注射量就是300万~500万单位。治疗一个癌症病人一天就要花上百万美元,世界上恐怕只有比尔·盖茨这样的超级富豪勉强用得起这种药。而且,要找那么多人血来做生产原料,也几乎是不可能的。

科学家们通过艰苦努力,将人的干扰素基因插入大肠杆菌的生命“天书”中。这种人菌杂种在细菌工厂里生产出了人干扰素。经测定,这种人干扰素与用人体血液白细胞制备的干扰素完全相同。目前,用基因工程技术已能批量生产人干扰素,成本很低,每支针剂售价不足人民币百元,已能“飞入寻常百姓家”。巧夺天工的基因工程又一次崭露锋芒,显示了在技术上的巨大潜力!

记事卡

激素:又称荷尔蒙,是人和动物体内通过内分泌腺体器官直接分泌到血液中,对身体有特殊效应的一类物质的总称,如垂体激素、胰岛素、雄性激素、雌性激素等。通过这些激素的作用,人和动物实现平衡而健康的各类生命活动。身体分泌的某种激素过多或过少,都会给正常的生命活动带来障碍。

(1)人生长激素能使矮人长高。

(2)人生长激素释放的抑制因子能防治“巨人症”,也是一种激素。

(3)运动员为了提高运动成绩,服用激素类药物,是违背体育道德的,也是体育比赛中禁止的。

世界经济新的增长点

20世纪70年代基因工程的第一批成果，鼓舞了越来越多的科学家和企业集团投入基因工程的研究。20世纪80—90年代，基因工程成绩斐然，基因产业成为世界经济新的增长点。

基因工程这种“魔法”的出现，把生命科学推进到了一个新的神话般的境界。在短短的一二十年时间里，基因工程学与传统的生物工艺学，特别是发酵工艺学相结合，在许多与人类生活密切相关的领域里，取得了惊人的成就，从而导致了一门新的学科——生物工程学的诞生。

生物工程学应用到医药工业上，可以生产各种激素、淋巴毒素、免疫球蛋白、疫苗、菌苗、抗生素、维生素，以及研制抗癌药物等。

生物工程学应用到食品与发酵工业上，可以大量生产氨基酸、有机酸和核酸类物质，提高食用及饲料单细胞蛋白的质量和生产效率，研制酶制剂、植物激素和新型杀虫药物。

生物工程学应用到化学工业上，可以把生物反应器引进石油化学工业，以节省能源，简化设备，进行各种石油化学产品的大量生产，包括生产塑料、尼龙、玻璃钢、脂肪酸、杀虫剂和除草剂。生物工程学应用到能源工业中，可以利用纤维素等植物原料发酵生产酒精、甲烷和氢，栽培具有高效光合作用并能生产能源的植物。

生物工程学应用在农牧业中也会大放异彩，它将培育出固氮作物、沙漠及寒带作物以及各种动植物优良品种。

生物工程学应用到采矿工业中，可以提取海水、矿渣及低品位矿藏中的贵重金属，提高原油的采收率。

此外，生物工程学在环境保护中也能创造奇迹，用以处理海上浮油、工业废水、城市垃圾、高分子化合物和分解各种有毒物质。可以说，与基因工程学密切相关的生物工程学是当代科学技术的宠儿，它广泛用于解决当今世界面临的许多重大课题。这些课题与人类生存休戚相关。用生物工程学来解决这些课题的关键技术，比常规方法的效率提高百倍、千倍乃至上万倍。这些优越性使世界各国十分重视发展生物工程，使之成为国家或地区的支柱产业。生物工程学已经给世界带来了巨大的财富。目前，在美国，生物工程的产品不少于160种，年产值在400亿美元以上，欧洲则达年产值1200亿美元，日本年产值也高达400亿美元。

记事卡

生物工程：又称现代生物技术，是当代对人类影响最大的前沿科学之一。它是现代生物科学和工程技术相结合的产物，是一种创建新的生物类型或新的机能的实用技术。

（1）试管婴儿是生物工程的产物。

（2）克隆羊是生物工程的产物。

（3）试管兰花是生物工程的产物。

“魔法”大战毒品

毒品屡禁不绝，越禁越凶，成了文明世界的一个老大难问题。为了彻底割掉这一社会的大毒瘤，美英俄的特工、科学家正在动用基因工程技术，来做切除手术。美英投资55万美元，提供设备，训练专家，在乌兹别克斯坦国家遗传研究所实施这个别出心裁的计划。

乌兹别克斯坦国家遗传研究所原本是进行细菌战研究的。他们负责生产一种能破坏敌国谷物生产的细菌战剂。现在，他们将自己的拿手好戏转为破坏毒品的生产原料——罂粟的生产。他们用基因工程技术，培育了一种专门作用于罂粟植株的真菌，用来散播到亚洲的金三角地区和南美洲等著名的毒品生产基地。

经过30多名研究人员的努力，这种真菌已研制成功，并在乌兹别克斯坦的罂粟生产基地进行了效果验证。结果表明：“不论在实验室或野外，小量真菌就足以摧毁罂粟。”英美两国政府的特工组织准备在近期内开展行动，摧毁金三角数千英亩的罂粟种植园。他们计划从高空将真菌喷散到罂粟田，感染健康的罂粟植株。真菌战剂比除草剂优越，它能自行繁殖，不断扩大植株感染的面积，最终消灭所有的罂粟。

记事卡

罂粟：一种植物，开的花很鲜艳，但从其果实中可提取出对人类危害巨大的毒品。

(1)鸦片是从罂粟果实中提取的。

(2)海洛因是从罂粟中提取出的纯度含量较高的毒品。

疫苗工厂

现代医学已经证明，人体有一整套强大而完备的免疫系统，产生多种多样的淋巴毒素、免疫球蛋白，用以消灭侵入机体的病菌、病毒，吞噬癌细胞。只要充分地将人体自身的免疫能力调动出来，病魔就无法逞凶。疫苗就是根据这个原理生产的。它将致病的生物减毒后，注射入人体，让人体将之当作假想敌，调动出人体的各路免疫大军同它作战。一旦真的致病生物侵入人体，经过实战训练的免疫大军就能不费吹灰之力，一举聚歼之。在牛身上减了毒的天花病毒，注射到人身上，使人体的免疫系统学会对付天花病毒，从而制服了天花。我国制成的麻疹减毒疫苗，也是将麻疹病毒减毒后制成的，儿童注射了这种疫苗可获得对麻疹的自动性免疫。鼠脑疫苗用于预防流行性乙型脑炎；脊髓灰质炎减毒活疫苗用于预防小儿麻痹症；卡介苗用于预防结核病；百日咳白喉二联疫苗用于预防百日咳、白喉，都是成功的例子。

然而，有些疫苗的制造是很困难的，一些至今仍在严重威胁人类的病毒性疾病，如流行性感冒等，还没有研究出预防的疫苗来。而且，需要用大量的牛、羊、兔等牲畜来培养。于是，生物工程师们开始用基因工程技术来研制各种疫苗。他们发现，教会机体免疫系统对付病毒等致病生物的，不是病毒本身，而是包裹在病毒外面的一层蛋白质。只要把与合成这种蛋白质对应的基因搞清楚，并合成这种基因，把这种基因插入细菌体内的生命“天书”中，就能让细菌大量生产价廉质高、无副作用的疫苗。

我国科学家在用基因工程技术生产乙型肝炎疫苗上取得了重大突破。上海生物化学研究所和上海生物制品研究所的人员，合成了乙肝病毒表面抗原的基因。他们将这种基因插入大肠杆菌和酵母菌的生命“天书”中，用这两种人菌杂种生产出乙肝疫苗，并迅速投入工业化生产。如今，曾威胁过我国1亿人生命的乙肝，由于我国青少年广泛使用乙肝疫苗，已被征服，不再可能施虐人类了。乙肝疫苗基因工程技术的成功表明，不仅现在的所有疫苗都可以用基因工程技术生产，而且，现行各种疫苗制造方法无法制造的病毒疫苗，也不再成为难题。更为重要的是，用这种方法生产出来的疫苗非常安全，不会给人类带来危险。

人们还设想，当人体不幸而患病之后，体内的免疫大军斗不过病魔时，能否从人体外部派一支援军去，补充淋巴素、免疫球蛋白进入体内，协同体内的免疫大军战胜病魔呢？近年来，科学家们发现，一种淋巴素——转移因子用于对付癌症，一种增强人体抵抗力的新药——免疫球蛋白和胎盘白蛋白，在协同人体免疫系统同病魔斗争时作用巨大。这些产品或者从人血中提取，或者以人胎盘为原料，原料来源有限，提取成本高。于是，科学家们采用基因工程技术，成功地将人体球蛋白基因与人体白蛋白基因插入大肠杆菌的生命“天书”中，让这种人菌杂种生产出人体球蛋白和人体白蛋白。

记事卡

淋巴毒素：人体免疫系统产生的一类抵抗外来侵略者的一类物质的总称。这些淋巴毒素是治疗病毒性疾病和癌症的有效药物。

(1)干扰素是淋巴素的一种。

(2)转移因子是淋巴素的一种。

细菌冶金

随着冶金工业的发展,各种矿藏的储藏量逐渐下降。冶金工程师开始把注意力投向矿渣、埋藏在地底深处的低品位矿床和储藏在海水里的贵重金属。比如,在提取了铜和镍的矿渣中,含有贵重金属金和铂。在提取了铁的矿渣中,有的含有金属钒和钛。还有一部分埋藏很深,而品位又低的矿藏,如铜、镉、金等,在地表易于开采的高品位矿藏已经不多的情况下,冶金工程师们要设法将其开采出来。占地球面积70%的广阔海洋,蕴藏着极其丰富的矿产资源,海洋中含有60多种元素,如铀、锶、锂等。原子能工业的重要原料锂,海水里的储量就有50多亿吨。海水中的黄金储量则达100亿吨。但是,不论是矿渣中的贵重金属,地底下的低品位矿藏,还是海水中的宝物,用常规方法都难以获得成本低廉的产品。

于是,冶金工程师们把目光投向了几乎无所不能的生物工程技术。他们向生物工程师求助。生物工程师们正在开展基因工程研究,培养“吃”金属的超级细菌。由于细菌容易培养又易于提取,生产成本就可以大幅度降低。这使冶金工程师们的设想可行性大大增加。美国和其他一些国家的实验室在开展这项研究。他们培养超级微生物,除用于细菌冶金以外,还企图培养能淡化海水、“吃”海上浮油的超级微生物。

固氮水稻

在世界上存在的1万多种豆科植物中，有1000多种能用根部的根瘤菌将空气中的无机氮直接转化成体内的有机氮。在这1000多种豆科植物中，有50种是豆科农作物，如黄豆、豌豆、绿豆等。它们不必像种植一般农作物一样需施氮肥。然而，世界上多种主要农作物，如水稻、小麦、玉米等，则无固氮功能，每年要使用大量化肥。

基因工程师们设想，将豆科植物根部根瘤菌上的固氮基因转移到水稻等农作物中去，使这些农作物不需要施用化肥，那要节省下多少财富！不仅如此，这项技术还能使化肥厂的设施停止转动。使这些对环境造成严重污染的设施不再危害人类，实在是一件功德无量的事。

目前，世界上许多国家的科学家，包括我国的科学家，都在攻克水稻、小麦、玉米等主要粮食作物自身固氮的技术尖端。我们相信，固氮水稻、固氮小麦、固氮玉米，一定会在世界上出现。

记事卡

固氮：指植物能将空气中的氮直接转化为体内有机氮的能力，能依靠长在根部的根瘤菌的作用，将无机氮转化为有机氮。

(1)大豆根部带有根瘤菌，能自身固氮，不施氮肥也能丰产。

(2)豌豆根部带有根瘤菌，能自身固氮。

(3)胡豆根部带有根瘤菌，能自身固氮。

用细菌或植物生产人血

重伤、重病病人需要输血，血源一直是令医生们苦恼的一个大难题。医生们苦苦寻求血液代用品，但收效甚微。须知，输血中，血浆代用品还好解决，血红蛋白却很难办。于是，生产人血代用品的任务就落到了基因工程师们的头上。

基因工程师们首先想到的还是用细菌来生产人血。他们力图将人生产血红蛋白的基因，插入大肠杆菌的生命“天书”中，让人菌杂种在细菌工厂里大规模地生产地道的人血。

后来，他们又想到用植物来生产人血。将人类的血红蛋白基因插入植物的生命“天书”中，让这种带着人血红蛋白基因的超级植物生产人血。人们像采取橡胶一样，在这种超级植物的树干上划一个口，人血就汩汩地流出来，岂不妙哉！

思考

你能想出几个改写生物生命“天书”的点子？

参考答案

（1）用细菌生产人参和其他植物药的有效成分。

（2）让猪生产人血。

（3）用细菌生产塑料、玻璃钢等工业原料。

（4）让人长得又高又棒。

（5）让人长上翅膀能在蓝天上自由飞翔。

克隆生物

克　　隆

20 世纪 80 年代，基因工程是世界的热门话题。而到了 20 世纪 90 年代，生命科学的热门话题则转为克隆生物。其实，不管是基因工程，还是克隆生物，都是在破译生命“天书”的基础上，利用生命“天书”为人类服务。只不过，基因工程是在分子水平上进行的；克隆生物则是在细胞水平上进行的，它是细胞工程的一个组成部分。克隆生物又是研究用无性方式复制生命的，所以，它也是生殖工程的一个组成部分。

按正规的说法，“克隆”，是英语单词“Clone”的音译，指生物体用身体细胞进行无性繁殖，以及由这种繁殖方式产生的同原型一模一样的个体和种群。用这种繁殖方式产生的个体，称克隆生物，如克隆微生物、克隆植物、克隆动物、克隆人等。在基因工程中，生命“天书”的复制，核酸分子的繁殖，则专称分子克隆。

克隆的基本原理是，生物的每一个细胞，包括具有生殖功能的精细胞、卵细胞，没有生殖功能的身体细胞里，都有一部这种生物的生命“天书”全本，有一整套发育成成体的生命信息。只不过，身体细胞里的生命“天书”只有很小一部分是打开的，绝大多数被一把把大锁锁在“书库”里。要是找到“书库”的钥匙，打开全部生命“天书”，便同样能完成复制生命的任务。

克隆微生物

克隆微生物在近代工业中就已实现。1928年，英国细菌学家弗莱明偶然发现，一种在面包上生长的青霉菌，能生产一种杀死细菌的物质。他把这种物质取名为青霉素。1941年，英国生物化学家弗洛里和他的同事钱恩，将青霉菌进行纯种培养，大量克隆，并从克隆出的青霉菌分泌物中，提取了青霉素。1943年，弗莱明、弗洛里、钱恩三人通力合作，在美国北方发霉的甜瓜中分离出一支青霉菌菌株。这支菌株分泌青霉素的能力较强，适宜于进行工业化生产。他们在建立的一种全新的微生物工厂里，用这支菌株克隆出大量的青霉菌，提取出批量的青霉素产品。

青霉素一出现，便显示了治疗细菌性疾病的卓越疗效。以后，青霉素和陆续发现的其他克隆微生物生产的抗生素，在人类同疾病的斗争中，发挥了始料未及的巨大作用，是人类文明史上的一个重大事件。为了表彰用克隆微生物的方法生产抗生素的开创者，三个发明青霉素的科学家获得了1945年度的诺贝尔生理学或医学奖。

以克隆青霉菌生产青霉素为开端，一个新型的工程——发酵工程诞生了。发酵工程与古老的酿造术有本质的区别。它建立了一整套以克隆纯种微生物为中心的庞大技术体系。这种体系为大规模、低成本生产各种产品提供了可能性。现在，用发酵工程技术生产的产品五花八门，从抗生素到味精一类的食品，到柠檬酸、丙酮、丁醇一类的化工原料，应有尽有。其他的克隆技术，如克隆植物细胞、克隆动物细胞，正在借鉴发酵工程技术体系，企图在发酵罐中生产出名贵中药、人血、牛肉来。

克隆植物

在植物界，克隆现象在自然界广泛存在。秋海棠的叶片、马铃薯的块茎、杨柳的枝条，都可以通过无性繁殖产生同自己一模一样的后代。而一些通常用有性生殖方式繁殖的植物，如水稻、小麦、玉米、高粱等主要粮食作物，能否用无性繁殖方式产生后代，克隆自身呢？生物工程用事实做了肯定的回答。

1958年，克隆植物的实验就取得了重大成果。美国康奈尔大学的斯图尔教授，用通常是用有性生殖方式繁殖后代的胡萝卜进行无性生殖试验。他把胡萝卜的根部细胞打碎以后，用细胞激动素、生长素和无机盐作营养，结果这些细胞繁殖生根，得到的克隆胡萝卜，同一般胡萝卜长得一模一样。采用这种技术，一个胡萝卜根就可以播几十亩地。这种无性繁殖系的快速繁殖方法，在农业上得到广泛应用。

1977年，我国四川生物研究所、广东农业科学院、广东甘蔗糖业食品科研所合作，试验成功甘蔗试管育苗，培育出克隆甘蔗。他们为什么要培育克隆甘蔗呢？原来，种植甘蔗1亩（1亩=666.67平方米）地需要蔗种500～1000千克，这是一个不小的数目。要是用克隆技术来繁殖试管苗，繁殖一亩甘蔗只需很少一点蔗种。须知，一根甘蔗上的细胞数目是一个天文数字。同样，种植水稻、小麦、玉米、高粱等谷物也需要大量的种子。假若主要粮食作物的种苗由用克隆技术繁殖的试管苗来提供，那该有多好！科学家正为此努力工作着，他们已培育出上百种克隆植物。

更为有趣的一些克隆植物试验是在一些药用植物上进行的。你们也许唱过一首朝鲜民歌："卖花姑娘"。那凄婉的曲调、动人的歌词，叙述一个小姑娘为了给妈妈买一种叫人参的药材治病，卖了几个月的花都未凑够钱，眼睁睁地望着妈妈去世。人参是一种人所共知的珍贵药材，能治很多病。可是，由于野生的人参资源越来越少，人工栽培的人参生长又十分缓慢，能不能让人参细胞像细菌那样迅速繁殖，在工厂里规模化生产人参呢？

1964年，我国科学家罗士韦报道了人参试管苗培养获得成功的消息。以后，日本、美国、苏联、印度和我国的其他一些科学家也相继报道了人参无性繁殖试管苗成功的新闻。在培育试管苗的基础上，科学家们进一步试验，将人参细胞放在发酵法生产抗生素一类的大型设备里，用发酵罐批量生产人参。日本科学家在这方面的试验获得了较好的效果。他们进行了规模为13万升的发酵罐试验，生产出的人参和天然人参的成分几乎是相同的。我国科学家丁家宜等人也进行了类似的成功试验。

这些成功的试验，使药物工作者激动不已。目前，世界上使用的主要抗生素，都是用微生物发酵生产的。由于抗生素的副作用和病菌对抗生素耐药能力的增加，科学家们正在努力寻找新的药源。药用植物是我国传统的药源，由于副作用小和很少发现对植物药耐药的病菌等优点，受到我国和全世界越来越多人的喜爱。但由于栽培时间长、名贵品种价值高昂、化学合成成本高等多种原因，科学家们渴望如克隆人参细胞那样，将珍贵的药用植物细胞在发酵罐里大规模克隆。也就是说，借工业化大规模生产抗生素的方法生产中药，这该是多么了不起的一项发明呵！为了实现这一目标，我国和其他一些国家的科学家做了大量探索性的试验。目前，用组织培养和细胞培养方法培养成功的药用克隆植物在100种以上，从培养物中产生可供利用的药用成分在200种以上。其中，克隆植物药用成分含量超过或接近原植物的有人参、三七、薯芋、柴胡、黄麻、烟草、决明、云南萝芙木、海巴戟、紫草、苦瓜、油麻藤、三分三等20多种。一旦这些技术应用到工业生产上去，实现大规模工业化生产，必将引起植物药生产的重大变革。

克隆花卉植物，也是生物工程师们十分热衷的事。中华民族是一个爱花的民族，在几千年里培育了许多著名的花卉植物，如十大名花：兰花、梅花、牡丹、芍药、荷花、茶花、杜鹃花、月季花、菊花、桂花等。国际市场上的花卉，很多都是引进中国原种培育成功的，比如，一些杜鹃和茶花的原产地就在中国。随着人们温饱问题的解决，赏花这种追求精神享受的欲望强烈起来，花卉需求量与日俱增。在美国，每年菊花、月季花、兰花等的销售收入达4亿多美元。以花卉之国著称于世的荷兰，每年栽培郁金香、水仙等花卉的面积达1万多公顷。须知，荷兰是一个围海造田起家、寸土寸金的弹丸小国！

为了生产更多价廉物美的高品位花卉供应市场，满足人们对“美”的需求，生物工程师们开展了克隆花卉植物的研究。1960年，克隆兰花首先获得成功，兰花试管苗问世。兰花是一种高雅名贵的观赏植物，全世界共有兰科植物1.5万种以上。兰花在国际市场上价格很高，有的珍奇品种一苗即价值上万美元。花农们使用克隆兰花的先进技术，建立了庞大的兰花工业，创造了上亿美元的财富。目前，已有上百种克隆兰花问世。我国四川农业科学院的研究人员，用克隆技术培育成功号称国兰“四大天王”之一的“宋梅”和价值很高的川兰名品：“银杆春剑素”和“隆昌素”，试管苗已批量上市。

记事卡

试管苗：指用细胞克隆技术无性繁殖的植物幼苗。由于这种幼苗往往是在实验室里用试管培养出来的，所以，形象地称这种克隆植物的幼苗为试管苗。

(1)珍贵兰花“银杆春剑素”试管苗已经上市。

(2)人参试管苗已培育成功。

(3)三七试管苗已培育成功。

器官工厂

克隆植物细胞的经验给科学家们提供了启示，牛细胞、猪细胞、鱼细胞，能不能像细菌一样，在生产抗生素的大型发酵罐里迅速地分裂繁殖，在短短的三五天时间内，就在工厂里生产出成百上千吨的猪肉、牛肉和鱼肉呢？美国的两个科学家布里格斯和金回答了这个问题。他们提出，在一定的条件下，无性生殖可以在有性生殖的动物身上获得成功，用动物身体细胞，既可克隆动物细胞，也可克隆出动物成体来。

那么，能不能让动物或人的细胞，克隆出动物或人的某一器官，供人类移植器官之用呢？生物学家们在这方面进行了一系列的探索。美籍华人学者牛满江教授，曾经提取出牛心细胞中的一部生命“天书”——细胞质核酸，处理鸡胚胎，结果是十分奇妙的。鸡胚胎中的细胞，居然发育成一团能搏动的宛如心脏的组织。他还用牛肾脏的细胞做了类似的实验，结果鸡胚胎中的细胞发育成一团宛如肾小管的组织。后来，科学家们设法使一只老鼠长出了人的耳朵，照片公布出来，这只长着耳朵同身体大小差不多的怪物把全世界吓了一大跳。申斥此举不人道之声不绝于耳，却乐坏了一个先天性缺一只耳朵的小女孩的母亲。她愿意将小白鼠身上的人耳移植到她的女儿头上去，使女儿变成正常人。这个英国小女孩缺耳是因为一种罕见的遗传病引起的。她准备在波士顿的一家医院接受克隆人耳移植手术。科学家们将从她的手臂上取下体细胞，用克隆技术在培养皿中让其发育成人耳。培养克隆人耳大约需要6周时间。但愿这位女孩的手术成功，看到她像一个普通人一样快乐地生活在世界上！

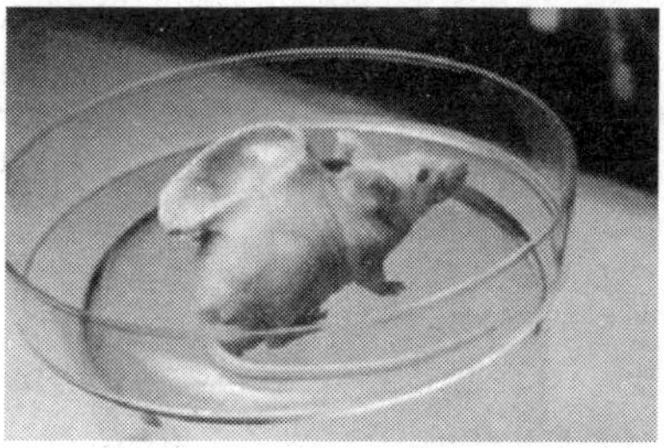

牛满江和其他科学家的实验表明，用人的细胞克隆器官，是完全能够办的。全世界很多实验室在开展克隆人体器官的研究，目前正在实验室中培植的人体器官包括心脏、肝脏、胰腺、乳房、皮肤、骨骼、手指头等。其中，由实验室培育的克隆肋骨、克隆血管、克隆皮肤和克隆的胎儿神经组织正在进行人体实验。1998年，世界第一例克隆肋骨实验移植到人体取得成功。接受手术的是美国的一个16岁的少年。他的名字叫肖恩，是一个出色的棒球手和山地车爱好者。他天生没有左肋骨。本来,医生们是准备他发育完全才给他动手术的。但由于他酷爱运动,没有左肋骨使他的每一次运动都成为一次冒险,稍有不慎就可能使缺乏保护的胸腔器官受伤,带来性命之虞。于是,从事人体器官研究的波士顿儿童医院的科学家们,在肖恩12岁的时候,从他身上取下一块软骨,在体外利用克隆技术进行培养。几周以后,克隆肋骨培养成功。在得到美国食品和药物管理局的特许以后,医生们将这副克隆肋骨移植到肖恩身上。由于这副克隆肋骨是用肖恩自己身体上的细胞克隆的,避免了器官移植中常危及人生命的可怕的过敏反应,克隆肋骨在肖恩体内生长良好。一年后,肖恩的胸部已与正常人一模一样,而且,克隆肋骨很协调地随着肖恩身体的生长而生长。

肖恩的案例使科学家们推测,在未来10年内,克隆人体器官将成为一个产业。医院将根据病人的需要,到人体器官商店去定做特制的器官。到那时,人类不论什么器官坏了,无论是心、肝、肺、脾、乳房、皮肤,还是呼吸系统、泌尿生殖系统的任何器官,有了严重的毛病,换一个新器官就行。目前,美国、瑞士等国家已攻克克隆皮肤的难题,并成功应用到临床上。不久前,一个美国妇女在一次煤气炉意外爆炸中受伤。医生从她身上取下一小块未损坏的皮肤,送到一家生化科技公司。一个月后,该公司利用先进的克隆技术,使这一小块皮肤长成一大块皮肤,使病人迅速痊愈。这种手术避免了异体植皮的排斥反应,这种反应往往使一些病人丧生。克隆器官的优越性由此可见一斑。

克隆器官的办法多种多样。一种是直接取出病人的身体细胞,利用克隆技术在实验室里用培养皿培养,此为试管器官是也。一种方法是培养无头克隆人。这种设想是英国巴思大学教授、发展生物学家乔纳森·斯莱克提出来的,基于他成功的无头青蛙试验。他采用一种封闭青蛙生命“天书”中有关长头的那一部“书”的“书库”大门,抑制蝌蚪头部的发育,培育出无头青蛙胚胎。他准备利用这种技术,培养无头人胚胎。这些无头人,躯干内的器官是完整的,可供人体器官移植用。由于这种无头人没有大脑和中枢神经系统,可以避免许多法律上的约束和伦理上的忧虑。

然而,毕竟在人体内培育无头怪人还是令世人难于接受的事。因此,有人提出用猪来生产人的器官的设想。我国在发展高科技的“863”计划中,已将用猪生产人体器官列入了重点攻关项目。

记事卡

器官:生物体内由多种组织构成的,能行使特定功能的结构单位。

(1)胃、肠是消化器官。

(2)气管、肺是呼吸器官。

(3)花是植物的生殖器官。

用再生术创造奇迹

激活人体缺失器官的残留细胞,用克隆技术使人的缺失器官再生出来,是一种简便易行、十分诱人的想法。前面笔者已经讲过,自然界本来就存在一些具有再生功能的动物,如蝾螈、螳螂。人的一些器官也能再生,像肝脏、手指头。但这样的例子毕竟是个别的。人的手、脚断了,眼睛、心脏坏了,就不可能自然地再生。但是,随着克隆技术的发展,在人体内用再生术修复缺失的器官已有了可能。我们已经知道,生物的每一个细胞都是全功能的,都有一整套生命“天书”。只是这些功能的大部分被某些因素封闭起来,生命“天书”被加门上锁,生命信息无法表达。

现在,人们已经有了一些办法,使某些精卵细胞不经过受精过程,直接发育成成体,也实现了用身体细胞克隆成体。可是,能不能使身体细胞按照人的意愿,只打开某一道被封闭的门,比如,打开关于储有发育成心脏、肾脏、乳房信息的生命“天书”的门呢?这样,手脚断了,就能在断掉的部位重新长出来;肾脏坏了,也能在切除的部位重新长一个新的肾脏出来。

1958年,有位科学家用电流直接刺激青蛙切去前肢的伤口,结果出现了奇迹,青蛙又长出新腿来。1973年,科学家贝克尔用电刺激法使截去前肢的老鼠也长出了新腿。"电刺激法"这种再生术,立即应用到临床上,首先在陈旧性骨折病人身上取得成功。这些病人,由于骨折部位的细胞失去了再生能力,骨头长年累月接不起来。我国中国人民解放军205医院等许多医院,用"电刺激法"治好了大量陈旧性骨折病人。之后,医生们陆续发明了特定电磁波、持续电磁波、脉冲电磁场等多种再生术,使不少器官受伤和缺失的病人恢复了健康。1998年8月,从我国大连传出好消息,大连市第五医院与日本东京大学合作,用一种叫"组织原位延长"的再生术,使一个左足缺断的足掌长出5厘米。这个施行再生手术的人叫时常胜,左足是被钢丝绳绞断的,足掌残存8厘米,加上再生出来的5厘米,使他的足掌有模有样。怪不得时常胜逢人便说:"大夫们真的使我长出了一足!"

从理论和实践上,人体除脑以外的器官迟早都会用再生术克隆出来。然而,如果脑不能再生,实在是一件令人遗憾的事。我国已故的细胞学家雍克昌教授和四川大学陈文元教授不信邪,开展了脑再生术的研究。他们证实,与人相近的灵长类动物有有限的脑细胞再生能力。据此推测,人的脑细胞也是有有限的再生能力的。经过激活,这种再生能力必定能够加强。须知,只有解决了脑细胞的再生问题,延年益寿才有实质的意义。人活得再长,脑细胞越来越少,人也趋向呆痴,活着有什么意思?

克隆羊多利

英国牛津大学的生物学家格登,首先成功地克隆了两栖动物青蛙。以后,科学家们将主要精力投入克隆哺乳动物的研究。经过艰苦的努力,1997年,从英国传出轰动世界的喜讯,英国爱丁堡的科学家克隆出一只小羊。他们将这只可爱的克隆羊取名为"多利"。他们从一只成年母羊的乳腺上取出体细胞,克隆出一只与这只六岁母羊一模一样的小羊。这只小羊与有性生殖方式产生的小羊根本的区别在于,普通羊细胞里的生命“天书”是由羊爸爸和羊妈妈的各半部“书”合璧而成,而克隆羊体内的生命“天书”完全是那只母羊的复制品。很难说得清楚,那只母羊与它的复制品克隆羊多利到底是母子关系还是姊妹关系。

取得重大突破的是以伊恩·维尔穆特教授为首的英国爱丁堡罗斯林研究所的科学家。他们早在1996年6月就获得了成功，在多利诞生后一直封锁消息。因为他们知道这个研究成果的份量,稍有闪失便会毁了研究所的名誉。直到1997年初他们认为时机成熟，才郑重地向外界公布生物工程学取得重大突破,克隆羊诞生的消息。这个消息立即引起了轰动,并被誉为20世纪最伟大、最有意义的突破之一。许多记者纷纷来到爱丁堡罗斯林研究所,亲眼看一看这只不寻常的克隆羊。克隆羊多利在羊圈里自由自在地走来走去,不时好奇而友好地去嗅嗅记者们的手。

其实,多利并不是世界上第一个诞生的克隆动物,国际生物界从20世纪70年代开始的克隆动物的研究,已经经历了20多年的历程。其间,已有多个国家的多个实验室克隆成功了一些较低等的动物,但是,在克隆哺乳动物时却遇到了很大困难,一直没有突破性进展。因此,科学界普遍认为,哺乳动物是天之骄子,体细胞早已失去了繁殖功能,用哺乳动物的非繁殖细胞去克隆成体,绝无可能。一个生物学的泰斗甚至预言,克隆哺乳动物的成功,至少是21世纪中期以后的事。因此,当1978年,有人传出克隆人成功的惊人消息,把世界闹得沸沸扬扬时,科学界则出奇地冷静,对这一杜撰的新闻嗤之以鼻。

然而,克隆羊多利顺利诞生并健康成长的事实却把生物界泰斗的预言击得粉碎。众多的生物学家绝没有想到在他们的有生之年看到不可能发生的事。惊诧之余,他们开始挑克隆羊实验的漏洞,对克隆原料是否为体细胞提出质疑。他们的质疑并非无中生有,因为克隆的原料取自一怀孕的绵羊的乳腺细胞,而多利出生时这只母绵羊已去世,无法对多利和母绵羊

的生命“天书”进行比较分析，以证明多利绝不可能是取材时误取胚胎细胞发育而成。英国爱丁堡的科学家们用严密的科学实验，来回答这些质疑。他们经过艰苦的努力，验明了克隆羊多利的正身。在1998年7月23日出版的英国《自然》杂志上，刊登了他们的分析报告。他们用确凿的事实证明，小羊多利是用母绵羊的体细胞克隆出来的，从而驱散了关于多利身份的疑问。

克隆动物

在克隆羊消息传出以后不久，我国湖南医科大学人类生殖工程研究室便成功地克隆了另一种典型的哺乳动物——鼠。可惜，这种克隆鼠是用鼠的生殖细胞——卵母细胞培育的，虽然未经雌雄交配的有性生殖过程，但却似孤雌生殖，与典型的克隆技术还有差异。

美国的科研人员则在克隆羊成功的消息公布后，在1997年3月，发布了一个一直保密的消息，称他们在1996年8月，成功地克隆出2只猴子。克隆猴的出现，使人类感觉到一种令人兴奋，也令人胆战心惊的“怪物”——克隆人就要出现了！

1997年4月1日，乌克兰哈尔科夫的科学家宣布，他们利用克隆技术成功地繁殖了3头小牛。但令人遗憾的是，克隆猴和克隆牛用的材料均是生殖细胞，难以与克隆羊成为伯仲，互为佐证，使克隆羊孤军奋战，形单影只，难以服人。

记事卡

生殖细胞:专指生物施有性生殖功能的细胞。

(1)植物的花粉是生殖细胞。

(2)动物的精子是生殖细胞。

(3)动物的卵是生殖细胞。

克 隆 牛

1998年,日本科学家发出石破天惊的一声呐喊:典型的克隆牛实验成功了!克隆牛“能登”和“加贺”是在1998年7月5日诞生的,在克隆羊“多利”2周岁之际。

这两头克隆牛是用一头成年牛的体细胞为材料无性繁殖成功的,实验者是日本石川县畜产综合中心和近畿大学畜产学研究室的研究人员。可惜,生育这两头牛的“养母”已于它们出生后便去世了,使这两头既无爸爸,又无妈妈的小牛显得怪可怜的。不过,它们现在都很健康。有专人的精心照料和爱抚,它们早已将失去“养母”的烦恼丢到“爪哇国”去了。

克隆牛的成功,证明了克隆哺乳动物的实验是可以重复的,毋庸置疑的。

克隆的克隆

能不能以克隆动物的体细胞为材料,再克隆动物的第二代,第三代至无穷?由日本、美国、英国、意大利的科学家组成的一个研究小组回答了这个问题。

1997年10月,这个研究小组研究的第一只克隆鼠诞生了。之后,他们用这只克隆鼠的体细胞,无性繁殖了第二代克隆鼠。紧接着,他们用第二代克隆鼠的体细胞，无性繁殖了第三代克隆鼠。这样，他们用一种新的克隆技术繁殖成功祖孙三代克隆鼠共50只。这50只克隆鼠长得一模一样，体内的生命“天书”也完全是一个版本。

动物克隆的克隆，这在世界上还是首例。这不仅证明了克隆技术的成熟，也又一次证实了克隆实验可以重复。对克隆技术的质疑，可以休矣！

记事卡

体细胞：专指生物身体内不施有性繁殖功能的细胞。

(1)植物根茎叶上的细胞是体细胞。

(2)动物皮肤上的细胞是体细胞。

(3)动物的四肢、胃、肠上的细胞是体细胞。

克隆风波

随着克隆技术的日臻成熟，克隆生物的无限可能性，特别是一些科学家宣称正在进行克隆人的试验，克隆技术可能引发的诸多社会问题和学术问题，在世界上引起了激烈的争论，掀起了一场轩然大波。

克隆技术能给人类带来的好处是显而易见的。除了利用克隆技术可以生产珍贵药材，生产可移植用的器官以外，还可用来保护珍贵物种。一些珍稀动物品种，如大熊猫、东北虎、白鳍豚等，均因繁殖不易等因素，濒临绝种。其中，大熊猫的状况最典型。它既十分稀少，总数不过几千只，而生殖能力又弱。大熊猫在天然环境中繁殖十分困难，在动物园中人工繁殖也不易；虽经全世界诸多动物学家的努力，仍无种族繁荣昌盛的迹象。而大熊猫又是一种受到中国人民和全世界人民喜爱的动物，经济价值也很高，某国曾出1亿美元想买我国的大熊猫。我国因其是无价之国宝，没有成交。大熊猫作为友好使者，在世界各国动物园备受珍爱。如果能用克隆技术来繁殖大熊猫，该是一件多么有意义的事呵！目前，我国已启动了克隆大熊猫计划。以陈大元教授为首的研究小组已将大熊猫的体细胞克隆成功,计划中的第一步已提前完成。

克隆技术在利用动物的杂种优势上也有很大潜力。它能克隆选育出优良杂种,使其迅速繁殖。用这种方式培育良种,不仅费时少,性状也稳定。

但是,尽管克隆技术有难以估量的利益,也有不可忽视的诸多弊端。动物被复制成完全一样的类型,必然会受到某一特定传染病的侵袭,一次意想不到的烈性传染病流行,很少有幸免的可能,结果可能是种族的彻底灭绝。可以说,克隆技术是对进化的一种"反动"。更大的问题是面临克隆人的挑战。克隆人的产生,会冲撞伦理道德与法律,产生社会价值与科学价值的冲突,使人失去独特的个性,失去遗传的多样性,甚至导致人类的退化。假若这种技术为恶人所滥用,后果更为严重,会产生个体价值与群体价值的冲突、暂时价值与长远价值的冲突,以至动摇人类文明。

世界各国的政要和一些专家纷纷提出,克隆技术是一把双刃剑,它既可造福人类,也可给人类带来灾难,当务之急是要及时制定避免克隆技术弊端的措施,防患于未然。他们认为,应该首先进行广泛的专家咨询和公众调查,认清这种技术可能对人类社会产生的影响。英国科技大臣要求对此技术可能产生的影响进行调查,美国前总统克林顿也要求美国生物学家对这一技术做出评价。英国成立了人类基因咨询委员会,专门监控这一技术。各国政府纷纷发表声明,反对复制人类。只有美国《华盛顿邮报》不以为然,认为:"无论以什么方法企图阻止科学的进步,都是一个可怕的错误。"

应该说,《华盛顿邮报》的看法还是有一点道理的。任何一种新的科学技术的出现,人类都会从正反两方面来评价其作用。从哥白尼的日心说、达尔文的生物进化论,到诺贝尔发明的炸药、爱因斯坦的相对论,哪一件没遭到激烈的反对,连诺贝尔也被自己的发明可能带来的后果吓得发蒙,成为自己发明的带头反对者。但实践证明,标志着科学技术进步的发明一旦出现,任谁也无法阻止它的发展。堵是堵不住的。那些高喊禁止的国家也许正在悄悄地花大力气干禁止别人干的事。一个美国科学家三番五次宣称，自己正在组织进行克隆人的试验，并在近期内可望取得成功。美国政府睁一只眼闭一只眼，谁曾见过它像反对恐怖活动一般，采取断然措施阻止这个科学家的行动？因此，对克隆人的研究，堵不是办法，只有采取疏导的策略，把这种研究引至对人类有益的方向。

灵魂能克隆吗？

有些人反对克隆人的理由十分牵强。希特勒、东条英机之类的恶人可能复制吗？回答是否定的。因为要复制这一类恶人的肉身还有可能性，但要复制其灵魂却绝无可能。理由很简单，现代科学研究已经证明，人类灵魂的特点主要是在后天形成的。所谓灵魂者，不是我们说的神话或迷信中指的那种虚无缥缈的东西，而是人的思想意识、人的思维和感觉、人的心理特征。人的灵魂和人的肉身是既有联系又有区别的。肉身，特别是人的大脑，是灵魂的载体，但灵魂又是独立于肉身的一类属于精神范畴的信息场。西方将心理学定义为“研究灵魂的科学”，就是基于对灵魂的科学认识。

人的心理特征包括人的感觉、知觉、记忆、想象、思维、情感、意志、性格、能力等理性和非理性的心理过程和心理特征。目前，人对于自己肉身的研究已达明察秋毫的地步，但对于自身灵魂问题的研究，却处于十分幼稚的阶段，未知的问题实在太多太多。因此，有人预言，21世纪是心理学的世纪，是有一定的道理的。

心理学对人的灵魂的研究虽然很肤浅，但有一点可以肯定，死人的灵魂是无法克隆的。人脑是一个巨大的信息库。人脑中的信息分两部分，一部分是先天带来的，成人脑中这部分信息只占全部脑信息量的极小部分，只要观察初生婴儿的智力你便会相信这一点。人脑信息中的绝大部分是后天带来的。人类依靠后天积累的信息创造了科学和文明，发明了体外信息：文字、书库、信息库。而这一部分后天带来的信息是靠学习、实践得来的，是不能遗传的。如果将初生婴儿丢到远离人类的环境中去成长，他连火也不会用。因为人类经过200万年才学会了用火，在一万年前才学会了农耕，文明史不到万年。而人类的这些知识是通过后天学习，代代相传的。如果没有人传授这些无法遗传的知识，人与动物也差不了多少。诸多“狼孩”的实践可以证明这一点。复制死人的肉身是可能的，因为只要破译了死人残留的骨殖细胞核酸分子上的生命“天书”全文，就可能克隆这个人的肉身。但是，要复制死人的灵魂，是万万不可能的。道理很简单，因为组成人的“灵魂”的主体是后天形成的，在该人的生命“天书”中并未记录在案。

那么，活人的灵魂能否克隆呢？应该说，这是可能的。首先，要破译人脑信息库中储存的全部信息，包括潜意识、前意识、意识中的信息。科学家们破译了部分脑磁波，开了一个好头。但人脑储存的信息量之大、灵魂结构之复杂，穷尽你的想象力，你也很难理解。前面我们已经谈过，人脑可以储存10万亿至100万亿比特，相当于400万～4000万册500页标准书的信息量，由此可见破译人脑全部信息难度之一斑。这种难度，也许比破译决定人类肉身和遗传性脑信息的难度还要大，因为人的生命“天书”的破译，已经有了生命密码字典可依，而人脑信息的密码系统尚无人知晓。况且，即便将构成人的灵魂的脑信息翻译出来，如何将这些信息输入克隆人的脑和神经系统中去，也是一个大难题。因此，克隆灵魂的成功，还是很遥远的事情。

在这样的情况下，克隆只具肉身而不具原型灵魂的人，大谈复制恶人带来的后果，既为时过早，也有点杞人忧天的味道。

记事卡

灵魂在古代原本指可以脱离生物体而单独存在的这种生物的“精神实体”，现代则借用来专指储存在生物脑及神经系统中的信息集合体。

(1)教师被人称为“人类灵魂的工程师”。

(2)心理学又称“灵魂学”。

观察与思考

实验题目:胡萝卜无性繁殖试验

你需要准备

(1)4根新鲜的胡萝卜。

(2)沙土。

(3)小洋瓷碗2个。

(4)小刀1把。

(5)小碾钵及小木棒各1个。

实验步骤

(1)将3根胡萝卜的头部切下。

(2)在小洋瓷碗内铺一层沙土。

(3)将3根胡萝卜头平放在沙土上,切口朝下,轻按使之部分埋入沙土中,浇一些水。

(4)将剩下的1根胡萝卜头切下,切成小块,放入碾钵中,用木棒捣碎至浆状。

(5)在另一只小洋瓷碗中铺一层沙土,将胡萝卜浆放一点在沙土中,浇一点水。

(6)将两个小碗放在有阳光的地方,早晚各浇一次水,保持沙土的湿润。

(7)7天后,观察2个小碗,看是否长出植株。

(8)继续观察1个月,看小碗中有何变化?

观察与思考:7天后,种植胡萝卜头的洋瓷碗中会长出植株来,种植胡萝卜浆的洋瓷碗中则无植株长出。

思考

种植胡萝卜浆能否长出胡萝卜苗?

参考答案

(1)不能。

(2)能。只要事先请教专业科研人员,在捣碎的细胞质中加入适宜的激动素和植物生长激素,打开根部细胞中生命“天书”中被封闭起来的全部书库的锁,让生命“天书”中的生命信息全部得到表达,就能让根部细胞发育成成体。

(3)能。但不能将捣碎的细胞质直接放在土壤里,必须将加入适宜激动素和植物生长激素的细胞质放入洁净的试管里,在适宜的条件下长出试管苗。然后,再将试管苗移入土壤中培养,才能顺利发育成成体。

思考

假若你的某一器官缺失,你愿意用什么方法弥补缺陷?

参考答案

(1)用自己的细胞,在体外培育成试管器官,再移植到身体上去。

(2)用自己的细胞培育成无头人,再把无头人的器官移植到身体上去。

(3)用自己的细胞,借猪体培育成器官,再移植到身体上去。

(4)用再生术在伤口上直接长出缺失的器官来。

(5)用常规器官移植术,买别人的器官移植到自己的身体上。

(6)如果缺失的器官不属要害部位,不做任何移植术,毕竟器官移植术既麻烦,又花钱,还有风险。

思考

克隆灵魂,可能吗?

参考答案

(1)不可能。灵魂是外星智慧生物制造人时的最高秘密,属于更高层次、四维以上空间的事物,只能理解三、四维空间事物的人,永远也无法破译灵魂之谜,就像比我们层次还低的猫猫、狗狗一样,是永远也搞不懂人的。

(2)可能。科学的发展是无止境的,终有一天人类会破译灵魂密码系统,并解决克隆灵魂的全部技巧问题,建立如基因工程一样严密的技术体系,实现灵魂的克隆和移植。

人类的现在和未来

万物之灵

我们是幸运的。人类从远古走来，经过了约300万年的历程，到了我们这一代，成了真正的万物之灵，地球生物世界和自然界的主宰。我们的远古祖先，做了200万年的食兽生番。那时，人类同一般灵长类哺乳动物没有太大的区别，并且受大自然的摆布，日子过得很艰难，很苦，是不能以万物之灵自傲的。一直到100万年前，不知我们的哪位祖先，发现打雷引起的森林大火留下烤熟了的兽肉特别好吃，寒天睡在火边特别温暖。于是，他把火种留下来，不时添柴加薪，使之永远不灭。然而，有时不小心，被倾盆大雨浇灭了火种。已经尝过熟食美味的人类岂肯回到茹毛饮血的时代。于是，他们开动脑筋，发明了钻木取火等方法保持火种。人类花了200万年的时间，终于学会了用火！人们编造了火神普罗米修斯盗天火、燧人氏教人用火的故事，来纪念人类进步史上的这一里程碑。人类又花了100万年的时间，才学会了农耕。在这100万年间，人类靠狩猎生活，天天去打猎，捕鱼，打着了就吃，吃不完的也不知储藏，没吃的时候就只好饿肚皮。这种饱一顿饥一顿的日子居然心安理得地一代代过下去，过了大约5万代。

直到一万年前，也不知我们的哪位祖先，发现有一些动物相对要驯善一些，于是，他们就把这些动物留下来，准备天阴下雨不能出去打猎时吃。这些喂养的动物繁殖的后代也具有人们所需要的特征，于是，人们就让这些动物繁殖后代，成为家畜。人类饲养狗、吃狗肉的历史比猪长。大概是后来看到狗对人比猪亲，猪肉比狗肉好吃，才将狗猪分工。他们让狗当人的“警卫员”和狩猎的助手，平时劳碌奔波，闲时享受人的爱抚；而让猪养尊处优，过着饭来张口、困来睡觉的舒适生活，到人需要的时候，再杀身成仁，报人饲养之恩。植物也是这样，人们发现一些植物可以结籽，将这些种子播到土壤里，可以长出可供食用的植物。于是，人们开始了栽培农作物的历史。人类也从以狩猎为主的时代逐渐发展到以农耕为主的时代。

这是人类历史上的一个大转折，也是人类文明诞生的起点。由于农耕，人类从等待大自然的恩赐转而主动向大自然索取，生活开始富裕起来。人们摆脱了终日劳碌奔波，疲于奔命，为生存而斗争的被动日子后，开始有了闲暇动脑子，改善生活了。众多的人开始动脑子，你发现一样自然规律，我发明一种新产品，知识积累加快了。这些知识逐渐积累，代代相传，导致了人类文明的诞生。

古中国、古巴比伦、古印度和古埃及，是世界四大文明古国。在他们的历史上，最先出现农耕的印记。在六七千年前的陕西半坡氏族人遗址上，发现了许多农作物的种子和家养动物的尸骨。这些遗物证明，半坡氏族人开始了农作物栽培。他们栽培的农作物是粟，我国是世界上最早种植粟的国家。半坡氏族人还开始饲养家畜，开始了原始的农牧业。

在大约5000年前，我国进入了传说中的三皇五帝时代。伏羲氏是黄河中游氏族社会的首领。据说，是伏羲氏教会了他的子民结网捕鱼，养马、牛、羊、鸡、犬、猪等六畜，制定男女婚嫁之法，结束了滥交时代，初创文字。在伏羲氏及其继任者的时代里，文明还留下了八卦、历法、茅屋、音乐等印记。炎帝神农氏，尝百草日遇七十毒，以植物药与民疗病，始创医药；教会子民栽种五谷为食，织麻为衣，煮海为盐。轩辕黄帝有熊氏，发明指南车、阵法，为军事科学始祖；教会子民栽桑养蚕，抽丝织绢；创货币信贷，立经界以杜绝争端。帝尧陶唐氏开始与水患作斗争，经舜、大禹时代，终将水害变为水利。在尧舜时代，文明的印记还有刑法、礼乐的初创。经过三皇五帝时代的发展，经过多民族的融合，中华民族逐步形成，物质文明和精神文明都有了重大的发展。从商殷朝时代开始，中国步入有文字记载的历史时代。有确凿的证据表明，我国商朝时期，玉米、小米、小麦、水稻、桑、麻等农作物均已广泛种植，农业成了商朝的主要生产部门。棉花则是居住在印度河流域的达罗毗荼人栽培的，那是发生在约5000年前的事。

文明在世界各国不断发展，并逐渐形成东、西方文明两大板块。以后，各国文明互相交流，相互融合，使世界文明大踏步向前发展。人类的文明在近几百年中进入了发展高峰期。在人类文明史上，除火与农耕以外，对文明产生重大影响的发现有：哥白尼发现了天体运行规律，达尔文发现了生物进化规律，马克思发现了社会进化规律，弗洛伊德发现了人格升华规律，爱因斯坦发现了相对论，牛顿发现了力学三大定律，孟德尔和摩尔根发现了基因，维萨里发现了人体结构，沃森和克里克发现了生命信息载体核酸的结构，卢瑟福发现了原子自然蜕变规律并实现人工核反应，电脑二进位制基础的布尔代数等。对人类文明产生重大影响的发明有：文字、笔、图书、衣饰、乐器、房屋、水泥、指南针、火药、炸药、纸、活字印刷术、酿酒、烹饪、钱币、邮票、采矿、钢铁、塑料、电灯、电话、电脑、汽车、飞机、蒸汽机、内燃机、火车、船、抗生素、火箭、原子弹、氢弹、核电站、火力发电、水力发电、空调、冰箱、抽水马桶、电视、机器人、克隆动物等。这些发现和发明，极大地丰富了人的知识库，增强了人类的生存和发展能力，使人成为地球上万物的主宰，也使人的生活变得越来越舒适。

人在发展物质文明的同时，也发展了精神文明，涌现出一批世界级的大师，留下了传世的精神财富。千古不朽的文学家和作品：曹雪芹的《红楼梦》、吴承恩的《西游记》、施耐庵的《水浒传》、托尔斯泰的《安娜·卡列尼娜》、巴尔扎克的《人间喜剧》、莫泊桑的《漂亮朋友》、勃朗特的《简·爱》、司汤达的《红与黑》、德莱塞的《珍妮姑娘》、罗曼·罗兰的《约翰·克利斯朵夫》、小仲马的《茶花女》、雨果的《悲惨世界》、杰克·伦敦的《马丁·伊登》、左拉的《娜娜》、陀思妥耶夫斯基的《被污辱与被损害的》、李白的《将进酒》、普希金的《叶甫盖尼·奥涅金》、莎士比亚的《奥赛罗》、王实甫的《西厢记》、苏轼的《赤壁赋》、陈忠实的《白鹿原》、鲁迅的《阿Q正传》、海明威的《老人与海》、玛格丽特·米切尔的《乱世佳人》等;音乐家贝多芬、莫扎特、肖邦等及其作品;画家和雕塑家达·芬奇、凡·高、安格尔、毕加索、齐白石、米开朗琪罗等及其作品;思想家苏格拉底、亚里士多德、黑格尔、尼采、叔本华、耶稣、释迦牟尼、老子、孔子等及其作品,组成了人类精神文明的思想宝库。

人类近万年的文明史,是人类知识不断积累,并成几何级数增长的历史。到20世纪下半叶,终于引发了知识大爆炸,世界逐步进入知识经济时代,人类真正成了地球上生物界和自然界的主宰,当之无愧的万物之灵。

人体之美

人类经过300万年的努力,不仅智慧超群,其形体也是生物界中最美的。难怪传说天上的神也为人之美倾倒,娶人间的美女为妻。人头脑发达,五官端正,眉目清秀,皮肤光洁,毛发疏密有致,语音抑扬顿挫,表情丰富多彩,躯干精巧,曲线优美,四肢灵活有力。人体确实是美不胜收的大自然的杰作!随便用一个平常人与任何最美丽的动物比,人体的美都要更胜一筹。

先看看我们的胴体吧!平衡、对称、比例协调、曲线柔和,再配上富有弹性的肌肉、光洁的皮肤,看一眼都令人陶醉。基本一样长的双手、双腿,走起路来,左右手前后摆动,双下肢交替迈步,那个潇洒劲,让神仙看了都

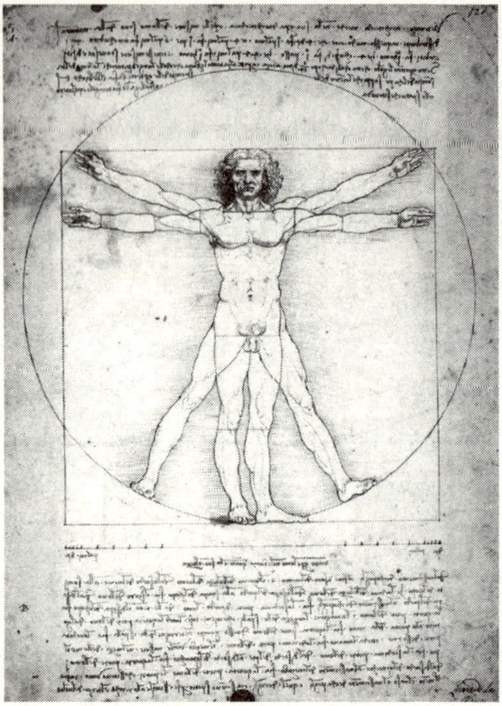

要羡慕。

再看看我们漂亮的头颅部吧！双目、双眉、双耳、鼻、口均衡地分布在光洁的面部；浓密的头发呵护着大脑；明亮的眼睛顾盼生辉；表情肌牵动着五官，表达着我们的喜怒哀乐，性格情操在我们的一颦一笑中向世界展现。天啦，你可知道你有多么美？

更令人叹为观止的是，人体的美符合自然美中之美的黄金分割律。发现人体美与各部分比例有关的，首推大画家达·芬奇。他提出，美的人体应符合下列比例关系：人的头部是身高的1/8，肩宽是身高的1/4，平伸两臂的宽度等于身长，两腋间的宽度和臀宽相等，乳部与肩胛骨处于同一水平面，大腿正面的宽度等于脸宽，跪姿的高度为立姿的3/4等。后来，人们发现，人体很多比例都符合黄金分割率，即长与宽的比为1比0.618。黄金分割是形式美的著名法则，它广泛用于建筑和绘画中，被古代哲人柏拉图认为是自然界最美的比例关系。而人体比例中的黄金分割，随处可见，如人体的头部到肚脐，与肚脐到脚底的比例，是1比0.618；躯干的宽度与长度的比例，是1比0.618；大小腿的长度与手臂长度的比例是1比0.618；手掌的长度和宽度的比是1比0.618；头顶到颏顶的长度与眼为水平面的宽度比是1比0.618；唇宽与鼻宽之比是1比0.618；鼻宽与鼻高之比是1比0.618；唇宽与唇高之比是1比0.618；男性头发习惯的分头线两侧的比是1比0.618，等等。

知道了这些，你可能才会恍然大悟：难怪会越看自己越顺眼呢！

记事卡

黄金分割率：古希腊数学家提出的数学概念，其黄金分割数为 1 比 0.618，也可简称为 0.618，因为 1 除以 0.618 等于 1.618。

（1）窗户长与宽的比例，常采用黄金分割。

（2）运动场长与宽的比例，常采用黄金分割。

（3）很多玩具，长与宽的比例，常采用黄金分割。

观察与思考

观察题目：测定人体比例是否合乎黄金分割率

你需要准备

（1）软尺。

（2）米达尺。

（3）按下表准备记录表：

记录表 年 月 日

项目	爸爸或妈妈	我
人体的头部到肚脐与肚脐到脚底的比例		
躯干的宽度与长度的比例		
大小腿的长度与手臂长度的比例		
手掌的长度与宽度的比例		
唇宽与鼻宽之比例		
鼻宽与鼻高之比		
唇宽与唇高之比		
头顶到颏顶的长度与眼为水平面的宽度的比例		
结论		

观察者签名：

观察步骤

(1)请爸爸或妈妈按表中的内容用软尺和米达尺为你做形体测量,并做好记录。

(2)你为爸爸或妈妈按表中的内容用软尺和米达尺做形体测量,并做好记录。

思考

◇你的哪些比例符合黄金分割率?

◇爸爸或妈妈的哪些比例符合黄金分割率?

◇你同爸爸或妈妈符合黄金分割率的项目有哪些异同,为什么?

人非完人

如此说来,我们人是无可挑剔的完人了。然而,非也!“人无完人”,这话说得好。人在孕育期间,便在自己的生命“天书”上带着遗传性疾病的基因,出生时或者就有先天性缺陷,如色盲、兔唇、六指等;或者一时不显露出来,到了三四十岁,使你突然瞎了眼、手打战;或者虽然自己不得病,却把带病的基因传给子孙后代。

人一生下来,便要受到各种病菌的侵袭,给人带来痛苦与死亡。虽然人类在与病魔作斗争的过程中,发明了植物药、动物药、磺胺类药、抗生素类药、疫苗等,抑制了病魔的猖獗,但至今仍有癌症、艾滋病、心血管病这些严重疾病在困扰人类。况且,人类即使不受疾病困扰,能做到无疾而终,最多也不过活到一百岁挂零,仍嫌寿命太短,不足以享受人间的欢乐。

人的各种功能也不是尽善尽美的。人还需要改造自身,继续进化。不进则退,后退是没有出路的。

长 寿 人

人的平均寿命，即便在科学技术十分发达的国家，也不过六七十岁。但是，在生物界，平均寿命比人长得多的动植物有的是。比如，野象、大型鹦鹉等，寿命可达100岁左右；梭鱼、乌龟、鳄鱼，寿命可达200岁；而红杉、澳大利亚桉树和猴面包树，寿命可达4000岁以上！就是我们人类，个别地区的人也比一般地区的人平均寿命长得多。世界上有4个著名的长寿地区：喀喇昆仑山下的罕萨、南美厄瓜多尔的比尔卡旺巴、阿塞拜疆和格鲁吉亚。这几个长寿地区的居民几乎都可活到百岁以上。在大致差不多的环境条件下，为什么自然界各种生物的平均寿命参差不齐，短到活一天，长到活千岁呢？究其根源，生物的寿命主要是由各种生物体内那部生命“天书”决定的。它“命中注定”了每一种生物寿命的极限，并设有管理生老病死的专业机构来实现它的意图。

为了揭开生物死亡的秘密，科学家们进行了一系列实验。他们在章鱼身上首次发现了生物管理死亡的腺体。这种腺体隐藏在章鱼的眼球后面，是章鱼的自毁体系，即所谓“死亡腺”。科学家们为章鱼摘除了死亡腺后，章鱼超越正常寿命极限，多活了很长时间。这给科学家以启示，人体内是否也有类似的死亡腺。如果找到了这种腺体，将其摘除，人类不就可以延年益寿了吗？

果然，美国哈佛大学的登克拉博士领导的研究小组，通过在2500只大白鼠身上进行实验，证明人和动物的脑下垂体，定期分泌一种定名为“死亡激素”的化学物质。这种化学物质能够干扰人体利用甲状腺素，降低细胞利用甲状腺素的能力，进而有效地控制机体内所有细胞的代谢过程。一旦细胞不能利用甲状腺素，新陈代谢就会失调，逐渐走向衰老和死亡。

有的科学家认为，脑下垂体分泌的“死亡激素”，只是人类死亡的原因之一。一旦找到令人类走向死亡的全部激素，或者发明抑制这些物质分泌的药物，或者在生命“天书”上动手脚，删除产生死亡激素的生命信息，人类的平均寿命就会人人延长。有人预言，在50年内就能揭开衰老和死亡的全部秘密，找到细胞中的“寿命钟”，用各种方法使之走慢，甚至停摆。那时，人将进化为“长寿人”，平均寿命达到300～500岁，并不是可望而不可即的事。

记事卡

脑下垂体：动物和人脑中最主要的内分泌腺之一，可分泌多种激素，影响人的新陈代谢。

(1)脑下垂体分泌生长激素。

(2)脑下垂体分泌催生素。

(3)脑下垂体分泌催乳素。

甲状腺：人的甲状腺位于颈部气管和喉管的旁边。

(1)甲状腺分泌甲状腺素，甲状腺素有促进细胞代谢，增加氧消耗，刺激组织生长、分化和成熟的功能。

(2)由于甲状腺素含多量碘质，如食物中缺碘，会得甲状腺肿大症(俗称“大脖子病”)。

无 疾 人

要想后天无疾几乎是不可能的，但是，通过生物工程技术的改造，实现先天无疾却是可能的。要实行先天无疾，第一步是要将现有人从先天带来的基因病医好。这便是正在开展的基因疗法的研究。

人们已经发现了治疗一些基因病的办法，如基因疗法治镰刀状红细胞贫血病、精氨酸酶缺乏症、半乳糖血症、着色性干皮病，正在努力攻克用基因疗法治疗苯丙酮尿症、高血压症及某些遗传性的癌症的顶尖级难题。

癌症是人类最大的敌人之一，是目前导致人类死亡的头号疾病。癌症是一种什么病呢？现代观点认为，癌症是这样一种疾病：身体一个或多个细胞内的生命“天书”被改写，导致后代细胞的增长失去控制。谁改写了这些细胞中的生命“天书”？科学家们持不同观点。外因论者认为，后天的环境因素和病毒，是篡改生命“天书”的罪魁祸首。内因论者则认为，外因通过内因起作用，如果细胞内的生命“天书”天生没有毛病，外敌是无法入侵的。

病毒为什么能引起癌症？有人认为，在生物进化过程中，曾经发生过一次灾难。这次灾难是由致癌病毒引起的，导致了千千万万生物及众多物种的毁灭。只有某种脊椎动物的生命“天书”中嵌入了病毒的信息，并将这个特别的信息库加了一把锁，封闭起来，反而使之具有了抗癌能力，生存下来。以后，这种细胞内生命“天书”中嵌入了致癌病毒信息的哺乳动物进化为人类。以后，由于某些致癌因素的激发，打开了封闭致癌病毒基因库的大门，使之跑出来危险人类。如果证实了这一点，只要在人类的生命“天书”上动手术，删除这段“垃圾基因”，就可使人类永远免除癌症之患。

与此说相类似的是癌症的遗传病因说。也就是说，癌症是先天带来的，是埋伏在人类生命“天书”内的定时炸弹。癌症的遗传基因，在人类的某些癌症中已得到证实。成视网膜细胞瘤的癌症，是能遗传的癌症的典型例子。这种病是由父母遗传给子女的，只要父母中一方带有患病基因，子女就会得病。我们对于这些遗传性的癌症基因，可以通过分子手术，从人的生命“天书”中删除。

其实，人类带有的数千种遗传性疾病基因，均可通过分子手术切除，如果这种手术从父母的精卵细胞做起，产生的下一代就是进化了的新人——先天无疾人。

记事卡

基因疗法:针对遗传性疾病——基因病发明的一种治疗方法。这种疗法的要点是,将正常基因植入患病的细胞中,让正常基因指令缺陷基因不能合成的物质,从而治好疾病。

精氨酸酶缺乏症:患高精氨血症的病人,是由于缺乏分解高精氨酸的基因致病的。科学家们找到了一种含精氨酸分解酶基因的病毒。将这种病毒注射入人体,纠正了基因缺陷,病便治好了。医生们用这种方法,治愈了许多遗传性疾病患者。

绿色人类

人类很羡慕绿色植物的功能。如果人能够像植物那样营养自己,每天只要喝一点水,吃一点矿物质维生素一类的药片,晒晒太阳就能活命。这对于那些想到食物匮乏地方去旅游、探险的人,比如到远洋、沙漠、高山、南北极,以至到太空去的人,这种设想很有吸引力。

科学家们说干就干,开始实施"绿色人类"计划。科学家们做了大量试验,证明叶绿体在一定条件下,可以短暂地离开植物体独立生存,行使功能,并分裂繁殖。更为有趣的是,人们发现叶绿体能在动物体内生存,并进行光合作用。如有人发现一些海生的软体动物吃了某些海藻以后,叶绿体在体内并不被消化掉,而是残留在消化道的细胞中。这些细胞能依靠这些叶绿体进行光合作用。还有人将一种藻类叶绿体在鸡蛋里培养了 27 天,叶绿体还保持了 10%的光合能力。美国宾夕法尼亚大学的玛吉·纳什博士,把老鼠的成纤维细胞浸在一种营养液里,结果发现,这些细胞能吸收从菠菜中提取出来的叶绿体。

这一切实验,使人们在研究利用叶绿体实现粮食工厂化的同时,也开始认真研究让叶绿体进入人的细胞,使人具有光合作用的能力。他们设想，将叶绿体或控制叶绿体产生的基因嵌入人的受精卵中，由此进入体的结构。如果这种设想得以实现，那么，人便进化成新的人种——绿色人类。

思考

你赞成人变成绿色人类吗？

参考答案

（1）赞成。由人体直接吸收太阳能，利用太阳能，从而减少食量，将从此不必为缺少粮食而担忧。到那时，广大的原野就不再需要大量栽培粮食。人们可以在鲜花铺盖的田野中，建起幢幢美丽的别墅，愉快地工作、生活。吃则变成了一种消闲，一种享受，就像我们吃零食一样。不想吃，或没有吃的，也可以不吃，不会饿死人，也无碍大局。

（2）反对。吃是人生的第一大享受，俗话说，人生在世，吃穿二字。人变成绿色人，自己将生活乐趣砍掉一半，何苦呢？

（3）反对。我们的肤色本来很美，把它变得绿幽幽的，太可怕了！

（4）赞成，但不能过分。光合作用取得的营养只需满足身体一半的需要就可以了，另一半由传统食物供给。这样，既可得到自身光合作用带来的好处，减少粮食种植面积，粮食匮乏时免受饥饿之苦；又可享受吃的欢乐。皮肤的绿色也可浅一些，想来，翡翠色的皮肤看惯了还是很美的。有这么多好处，何乐而不为？

超　人

长寿人、无疾人、绿色人类只是改造人计划中的几个例子。人类生命“天书”如果全部翻译完毕，人改造自己的可能性可以说是无限的。这种无限的潜力，使人类对改造自身产生了种种遐想，创造功能非凡的超人便是其中的一种。

在地球上，人类虽然是具有最高智慧的生物，但并不等于人类的任何一种性状都比地球上200余万种的性状优越。事实上，人类在某一方面的结构和功能不如某些生物的某些结构和功能。人的嗅觉不如猎犬。猎犬的鼻子灵敏非凡，可以区别出200万种不同物质发出的气味。人类的视觉在某些方面不如猫头鹰、青蛙、苍蝇和响尾蛇。猫头鹰可以在漆黑的夜间视物；青蛙对于掠过眼前的飞行物有特别敏感的视觉；苍蝇的眼睛则是由许多只眼睛组成的复眼；响尾蛇具有人类没有的红外眼，能够在黑夜中“看见”散发出热量的活动物体。人类的肌肉组织不如狼、狮、虎、豹，四肢的力量小于猛兽；人类器官的再生能力不如螳螂、蝾螈，如此等等。人类在改写自己的生命“天书”时，可以将其他生物生命“天书”中的优秀章节融入其中，编撰出集地球200万种生物优点于一身的伟大著作，那是一种怎样惊天地、泣鬼神的奇观！

当然，并不是人人都赞成在人类的生命“天书”上动手脚的。他们担心，这样做的结果坏处胜过好处。它给世界带来的是人类自身的迷失，物种平衡的破坏，自然秩序的混乱，社会文明的丧失。一旦失控，更会毁灭人类，引来世界末日。

我们以为，这些担心虽非杞人忧天，但要想保持人类不变却是不可能的。要知道，世界上的一切都不是一成不变的。不变才真正意味着毁灭。生物界如此，人类也是如此。试设想，世上万物不变，哪里来的生物？生物一成不变，哪来的人类？有人说，人类已成了万物之灵、地球的主宰了，人类几乎完美无缺，已走到了进化的尽头。如果再要在“太岁头上动土”，天理难容，实在是罪过。可是，近来对宇宙的研究成果表明，外星高级智慧生物有可能存在。如果有比人类智慧程度更高的外星人带着恶意来到地球，人类何以抵挡？况且，地球和太阳最终都是要毁灭的。到那时，如果人类没有更高的本领，也难逃灭顶之灾。因此，我们认为人类必须继续前进，必须继续谱写生命“天书”的新篇章。愿人类生命“天书”的新版本一版超过一版，为人类带来更加灿烂辉煌的未来！

思考

你赞成创造超人吗?

参考答案

(1)赞成。人变得更聪明,更有力,有什么不好?

(2)反对。在一件美好的艺术品上乱画,罪过,罪过!

(3)基本不赞成。只要把人类生命“天书”上的败笔,如遗传病基因删除就行了,不必再大动干戈,破坏人体美。

思考

你对超人的结构和功能有什么设想?

参考答案

(1)高人、大力、高智慧。

(2)矮人、大力、高智慧。农作物中优良品种都是矮化品种,如水稻、小麦。果树也在推行矮化品种。矮化品种资源利用率高是其突出的优点。动物也是如此,猪虽然可长到千斤,但农民却只愿其长到一百多斤。因为用培育一头“猪王”同样的饲料可以培育若干头总重量大大超过猪王重量的标准猪。矮得适度,便能扩大生存空间,节约有限的资源。标准人身材:男身高 1.65 米,腰围 95 厘米,体重 75 千克;女身高 1.60 米,腰围 59 厘米,体重 46 千克。

(3)长翅膀,会飞。

(4)长鳍,会游泳。

(5)红外眼,黑夜能视物。